▶ 建筑工程现场施工实用手册系列丛书

GANGJIN GONGCHENG XIANCHANG SHIGONG SHIYONG SHOUCE

钢筋工程现场施工实用手册

杨嗣信　　主　编
余志成 侯君伟 副主编

人民交通出版社
China Communications Press

内 容 提 要

本书是建筑工程现场施工实用手册之一，书中对钢筋的材料、配制构造、加工、焊接及连接等技术均作了详细的介绍，结合最新的国家及行业标准进行编写，具有很强的实际应用功能，并在编排上亦方便读者查阅。

本书适用于建筑工程现场施工人员，设计、科研、教学人员亦可作参考之用。

图书在版编目（CIP）数据

钢筋工程现场施工实用手册/杨嗣信主编．—北京：人民交通出版社，2006.7
ISBN 7-114-06082-3

Ⅰ.钢... Ⅱ.杨... Ⅲ.建筑工程-钢筋-工程施工-技术手册 Ⅳ.TU755.3-62

中国版本图书馆 CIP 数据核字 (2006) 第 079700 号

书　　名：钢筋工程现场施工实用手册
著 作 者：杨嗣信
责任编辑：邵　江　高　培
出版发行：人民交通出版社
地　　址：(100011)北京市朝阳区安定门外外馆斜街 3 号
网　　址：http://www.ccpress.com.cn
销售电话：(010)85285656,85285838,85285995
总 经 销：北京中交盛世书刊有限公司
经　　销：各地新华书店
印　　刷：北京鑫正大印刷有限公司
开　　本：787×960　1/16
印　　张：12
字　　数：208 千
版　　次：2006 年 7 月第 1 版
印　　次：2006 年 7 月第 1 次印刷
书　　号：ISBN 7-114-06082-3
印　　数：0001－4000 册
定　　价：22.00 元

《钢筋工程现场施工实用手册》

本手册由北京双圆工程咨询
监理有限公司组织编写

主　编　杨嗣信
副主编　余志成、侯君伟

目　　录　　　　　　　　　　　　　　　　**编　写　人**

前言

20世纪80年代以来，随着我国高层建筑的兴起，现浇混凝土结构比重的增大，我国建筑工程中钢筋应用技术得到迅速发展。钢筋工程也成为建设部在20世纪90年代首次提出建筑业推广"10项新技术"的重要内容。

首先是高效钢筋取代了II级螺纹钢筋并得到了广泛应用，即主要指HRB400级钢筋（新III级钢筋）已成为我国混凝土结构的主要钢种；钢筋焊接网也已得到广泛重视，并使用于楼板、墙体等现浇混凝土结构的配筋；其次是现浇混凝土结构施工中大量粗钢筋的连接接头，已由"焊接"发展为"机械连接"，并形成了多种机械连接的新工艺，成为当今钢筋连接技术中质量好、工效高、成本低、安全可靠的新技术；再者后张无黏结预应力技术已成为现代混凝土结构施工的一项新技术，它不仅广泛用于水平结构施工，也已用于竖向结构施工；拉索施工技术，也已在场馆建设中得到推广应用。

此手册本着现场施工实用为原则，着重对上述新材料、新工艺、新技术进行了介绍。手册与2005年出版的《模板工程现场施工实用手册》均属建筑工程现场施工实用手册系列丛书，但不包括预应力工艺部分。限于编者的水平和时间缘故，书中难免存在错误和不妥之处，恳切希望广大读者批评和指正。

编　者

2006年4月

序

从20世纪80年代开始,混凝土高层建筑的迅速发展促进了钢筋工艺快速提高。目前,大直径光圆钢筋已经绝迹,光圆细钢筋也很少使用,已使用30多年的Ⅱ级螺纹钢亦将逐步淘汰,取而代之的是高效钢筋。2005年建设部颁发的"建筑业10项新技术"中要求全国大力推广高效钢筋与预应力技术,其中高效钢筋主要是指HRB400级,即屈服强度为400MPa的热轧带肋钢筋,这是我国近年来生产的新品种,其特点是在钢中加入的微量合金元素V、Ti或Nb,使晶粒细化、延性改善、碳含量降低,钢筋屈服强度提高,并具有良好的可焊性。国家确定HRB400级钢筋将是今后国内重点推广的新钢种之一,它包括20MnSiV、20MnSiNb和20MnTi三个品种,钢筋直径为6~50mm,钢筋的强度标准值为400MPa,强度设计值为360MPa。该等级可用于各地区民用与工业建筑中的受力钢筋、箍筋和构造钢筋。HRB400级钢筋近年来已在许多高层建筑、大型公共建筑、工业厂房、水电工程、桥梁工程以及构筑物中得到普遍应用,取得了良好的效益。

另外,钢筋焊接网应用技术近几年来也发展较快,但是还不普遍。钢筋焊接网是一种在工厂用专门的焊网机焊接成型的网状钢筋制品,纵、横向钢筋以一定间距互相垂直排列,交叉点采用电阻点焊,用多头点焊机由计算机自动控制生产。目前,焊接网采用的钢筋品种一般为CRB550级冷轧带肋钢筋,技术成熟,也有使用热轧带肋钢筋(HRB400)制作焊接网的,但应用较少。焊接网一般用于楼板、剪力墙、堤坝、桥面铺装等,也可用作桥墩防裂网和隧道洞衬砌等构筑物的配筋。深圳市民中心工程21万m^2总高度85m,楼板采用焊接网3500多t。采用焊接网可以显著提高钢筋工程质量,大量降低现场钢筋安装时间,加快工程进度和缩短工期,并可适当节省钢材,特别适用于大面积混凝土工程如混凝土剪力墙结构的楼板和墙体配筋,具有较好的综合经济效益。2005年"建设部建筑业十项新技术"也要求在全国范围内大力推广应用钢筋焊接网应用技术,其中就包括HRB400钢筋焊接网。

近二十年来粗直径钢筋连接技术有了很大的发展。20世纪80年代以前粗钢筋连接主要采用搭接电弧焊或帮条电弧焊,以后有一段时间采用了绑扎加电弧焊(端头加固作用)连接方法,80年代初开始采用电渣压力焊。自从80年代后期开始研制开发出"套筒冷挤压"连接技术和"锥螺纹连接技术”以来，钢筋连接技术进入了粗钢筋机械连接技术时代。进入90年代，人们对锥螺纹接头进行了不断地研究改进，采用的锥螺纹端坡度由1:5改为1:10、墩粗钢筋头后再加工成锥螺纹等技术使接头强度得到很大的提高。人们经过长达4～5年的改进，终于在20世纪末成功地研制了“挤压直螺纹接头”和“剥肋直螺纹接头”，找到了一种比较理想的粗钢筋连接技术。为此，在建设部颁发的“2005年建筑业10项新技术”中，旗帜鲜明地提出了推广“粗直径钢筋直螺纹机械连接技术”。

粗直径钢筋直螺纹机械连接技术是通过不同工艺方式将钢筋端头加工成螺纹，再用带有内螺纹的连接套筒将两根待连接的钢筋连接起来的一种技术。直螺纹接头的特点是质量可靠，接头强度可达到行业标准Ⅰ、Ⅱ级要求，接头可实现提前预制，现场连接无明火作业，不用电源，可全天候操作，确保安全施工。另外，价格适中，$\phi32$粗钢筋每个接头价格约11元。目前北京绝大部分大型重点工程都采用了直螺纹机械连接技术。

同样，我国的预应力施工技术也取得了很大的发展，重点体现在以下三个方面：

(1)后张法无黏结预应力成套技术已得到广泛应用。该项技术是从20世纪80年代开始发展，由单根钢绞线涂抹建筑油脂外包软塑料套管组成的无黏结预应力筋发展而来，它可像普通钢筋一样配置于混凝土结构内，待混凝土达到一定强度后张拉即可，一般用于8～12m跨度的现浇平板中，对密肋楼盖或扁梁楼盖适用跨度可达8～18m。无黏结预应力技术更适用于无梁楼盖建筑，可在保证净空条件下显著降低层高，从而降低总建筑高度，具有明显的综合经济效益。无黏结预应力技术的适用范围除楼盖(板、梁)外，基础底板、地下室墙板等都可采用。已应用的典型工程有广东国际大厦63层预应力楼盖；首都国际机场2号航站楼；北京国家大剧院等许多大型工程。

(2)后张法有黏结预应力成套技术也得到普遍推广。预先在结构构件中预留孔道，待混凝土硬化达到一定强度后穿入预应力筋进行张拉，然后在孔道中灌入水泥浆形成受力构件。该技术不仅可用于跨度为8～15m的平板及跨度为12～40m的大梁等水平构件，而且还可用于电视塔的纵向预应力结构、核电站安全壳等工程。该技术还广泛用于各类大跨度混凝土桥梁结构。已应用的典型工程有宁波浙海大厦支撑48层楼盖的转换层；首都国际机场停车楼(地下五层)；北京国家大剧院；深圳、武汉等地的会展中心；北京、天津、上海、南京电视塔和秦山、大亚湾核电站；厦门高集跨海桥；南京长江二桥；上海东海大桥以及北京城铁高架桥等。

(3)拉索施工技术已在场馆建设中得到广泛应用。这是近十多年发展起来的新技术，该技术适用于大跨度建筑工程的屋盖结构，可以单独用索形成结构，也可以与钢网架、桁架、钢结构或混凝土结构组合形成混合结构。该技术尤其适用于各类特大跨度的桥梁结构。

索结构是以索作为主要受力构件而形成的结构。拉索一般均采用高强度材料制作，索结构可分为索穹顶、索桁架（上弦为钢结构，下弦为拉索）、索网、张弦梁、斜拉索和悬吊索等。已应用的工程有北京亚运会工程的游泳馆和综合体育馆、浙江黄龙体育中心、广州奥体中心、广州会展中心等。目前北京奥运会工程中国家体育中心、羽毛球馆等也都应用了这类结构体系。

钢筋工程是混凝土结构的重要组成部分，为了进一步加强钢筋工程的科研工作和提高钢筋加工制作以及施工工艺的技术水平，赶超国际先进水平，我国仍需要从体制上进行改革，实现钢筋工程专业化一条龙施工，即从钢筋备料、加工、制作（成型）、运输，一直到现场连接，均由一个钢筋专业公司承包，对整个钢筋工程全过程的安全、质量、经济和管理全面负责，并尽可能将最大的工作量放在工厂内完成（如推广钢筋网等），以减少现场操作工作量，逐步提高机械化、自动化和工厂化水平，从而使钢筋混凝土结构工程由模板、钢筋和混凝土三个专业承包公司分别承包，由总包协调完成结构工程，提高目前主体结构的整体施工水平。

杨嗣信

2006 年 2 月

目　　录

1 材　　料

1-1　钢筋的主要品种和规格

混凝土结构用的普通钢筋，可分为两类：热轧钢筋和冷加工钢筋（冷轧带肋钢筋、冷轧扭钢筋、冷拔螺旋钢筋）。冷拉钢筋与冷拔低碳钢丝已逐渐淘汰。余热处理钢筋属于热轧钢筋一类。

热轧钢筋的强度等级由原来的 I 级、II 级、III 级和 IV 级更改为按照屈服强度（MPa）分为 235 级、335 级、400 级、500 级。

根据《混凝土结构设计规范》（GB 50010—2002）规定：普通钢筋宜采用热轧带肋钢筋 HRB400 级和 HRB335，也可采用热轧光圆钢筋 HPB235 和余热处理钢筋 RRB400 级；并提倡用 HRB400 级（即新 III 级）钢筋作为我国钢筋混凝土结构的主要钢种。冷轧带肋钢筋和冷轧扭钢筋现已有专门规程《冷轧带肋钢筋混凝土结构技术规程》（JGJ 95—1995）和《冷轧扭钢筋混凝土构件技术规程》（JGJ 115—1997），可供参考。

1-1-1　热轧钢筋

热轧钢筋分为热轧光圆钢筋和热轧带肋钢筋两种。热轧光圆钢筋应符合国家标准《钢筋混凝土用热轧光圆钢筋》（GB 13013—1991）的规定，热轧带肋钢筋应符合国家标准《钢筋混凝土用热轧带肋钢筋》（GB 1499—1998）的规定，详见表 1-1。

热 轧 钢 筋　　　　表 1-1

项　目	说　　明
外形、规格和质量	热轧钢筋的直径、横截面面积和质量，分别见图 1-1、表 1-1-1。 带肋钢筋的横肋与钢筋轴线夹角 β 不应小于 45°，当该夹角不大于 70°时，钢筋相对面上横肋的方向应相反。横肋的间距 l 不得大于钢筋公称直径的 0.7 倍。横肋侧面与钢筋表面的夹角 α 不得小于 45°。钢筋相对两面上横肋末端之间的间隙（包括纵肋宽度）总和不应大于钢筋公称周长的 20%。

续上表

项 目	说 明

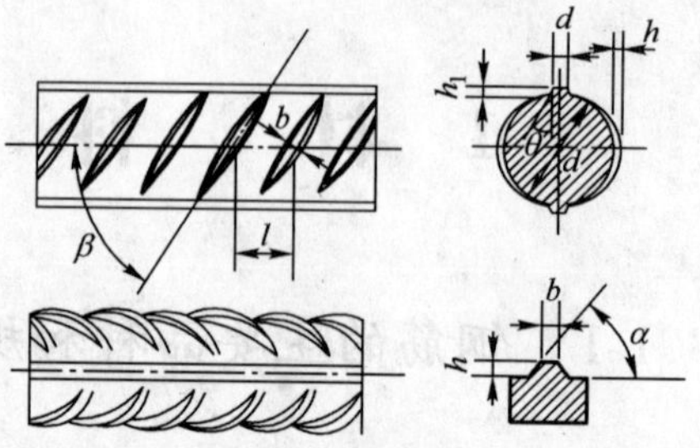

图 1-1 月牙肋钢筋表面及截面形状

d-钢筋内径；α-横肋斜角；h-横肋高度；β-横肋与轴线夹角；h_1-纵肋高度；θ-纵肋斜角；a-纵肋顶宽；l-横肋间距；b-横肋顶宽

热轧钢筋的直径、横截面面积和质量 表 1-1-1

项 目	公称直径 (mm)	内 径 (mm)	纵、横肋高 h、h_1 (mm)	公称横截面面积 (mm^2)	理论质量 (kg/m)
外形规格和质量	6	5.8	0.6	28.27	0.222
	8	7.7	0.8	50.27	0.395
	10	9.6	1.0	78.54	0.617
	12	11.5	1.2	113.1	0.888
	14	13.4	1.4	153.9	1.21
	16	15.4	1.5	201.1	1.58
	18	17.3	1.6	254.5	2.00
	20	19.3	1.7	314.2	2.47
	22	21.3	1.9	380.1	2.98
	25	24.2	2.1	490.9	3.85
	28	27.2	2.2	615.8	4.83
	32	31.0	2.4	804.2	6.31
	36	35.0	2.6	1 018	7.99
	40	38.7	2.9	1 257	9.87
	50	48.5	3.2	1 964	15.42

注：1. 表中理论质量按密度为 $7.85g/cm^3$ 计算。

2. 质量允许偏差：直径 6 ~ 12mm 为 ±7%，14 ~ 20mm 为 ±5%，22 ~ 50mm 为 ±4%。

续上表

项目	说明

热轧钢筋的化学成分 表 1-1-2

项目	强度等级代号	牌号	化学成分（%）							
			C	Si	Mn	V	Nb	Ti	P	S
									不大于	
化学成分	HPB 235	Q235	0.14~0.22	0.12~0.30	0.30~0.65	—	—	—	0.045	0.050
	HRB 335	20MnSi	0.17~0.25	0.40~0.80	1.20~1.60	—	—	—	0.045	0.045
	HRB 400	20MnSiV	0.17~0.25	0.20~0.80	1.20~1.60	0.04~0.12	—	—	0.045	0.045
		20MnSiNb	0.17~0.25	0.20~0.80	1.20~1.60	—	0.02~0.04	—	0.045	0.045
		20MnTi	0.17~0.25	0.17~0.37	1.20~1.60	—	—	0.02~0.05	0.045	0.045

热轧钢筋的力学性能 表 1-1-3

项目	表面形状	强度等级代号	公称直径 d（mm）	屈服点 σ_s（MPa）	抗拉强度 σ_b（MPa）	伸长率 δ_5（%）	冷弯		符号
				不小于			弯曲角度	弯心直径	
力学性能	光圆	HPB 235	8~20	235	370	25	180°	d	ϕ
	月牙肋	HRB 335	6~25 28~50	335	490	16	180° 180°	$3d$ $4d$	Φ
		HRB 400	6~25 28~50	400	570	14	180° 180°	$4d$ $5d$	Φ
		RRB 400	8~40	400					Φ^R
	注：采用 $d>40$mm 钢筋时，应有可靠的工程经验。								

1-1-2 冷轧带肋钢筋

冷轧带肋钢筋是热轧圆盘条经冷轧或冷拔减径后在其表面冷轧成三面或二面有肋的钢筋，冷轧带肋钢筋应符合国家标准《冷轧带肋钢筋》（GB 13788—2000）的规定。

冷轧带肋钢筋的强度，可分为五种等级：550 级、650 级、800 级、970 级及 1170 级（MPa）。其中，550 级钢筋宜用于钢筋混凝土结构构件中的受力钢筋、架立筋、箍筋及构造钢筋，650 级和 800 级钢筋宜用于中小型预应力混凝土构件中的受力主筋，详见表 1-2。

冷 轧 带 肋 钢 筋 表 1-2

项 目	说 明
外形、规格和质量	冷轧带肋钢筋的外形见图 1-2，肋呈月牙形，三面肋沿钢筋横截面周围上均匀分布，其中有一面必须与另两面反向。肋中心线和钢筋轴线夹角 β 为 40°～60°。肋两侧面和钢筋表面斜角 α 不得小于 45°。肋间隙的总和应不大于公称周长的 20%。冷轧带肋钢筋的尺寸、质量及允许偏差见表 1-2-1。

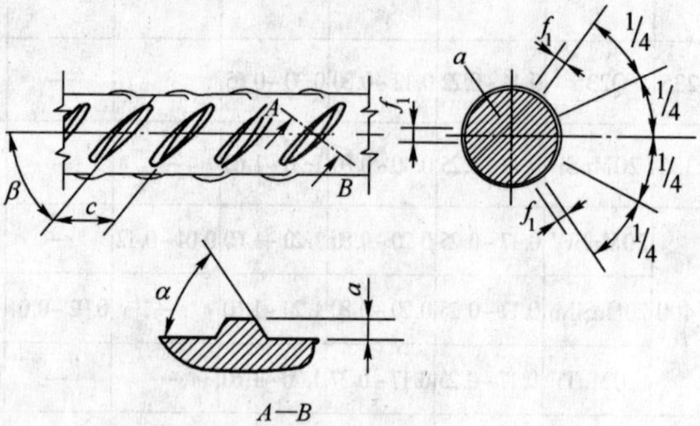

图 1-2 冷轧带肋钢筋表面及截面形状

冷轧带肋钢筋的直径、横截面面积和质量 表 1-2-1

公称直径 d (mm)	公称横截面积 (mm^2)	理论质量 (kg/m)
4	12.6	0.099
5	19.6	0.154
6	28.3	0.222
7	38.5	0.302
8	50.3	0.395
9	63.6	0.499
10	78.5	0.617
11	95.0	0.746
12	113.1	0.888

注：质量允许偏差 ±4%。

化学成分

冷轧带肋钢筋的化学成分 表 1-2-2

级别代号	牌号	化学成分（%）					
		C	Si	Mn	Ti	P	S
CRB 550	Q215	0.09～0.15	≤0.30	0.25～0.55	—	≤0.050	≤0.045
CRB 650	Q235	0.14～0.22	≤0.30	0.30～0.65	—	≤0.050	≤0.045
CRB 800	24MnTi	0.19～0.27	0.17～0.37	1.20～1.60	0.01～0.05	≤0.045	≤0.045

续上表

项 目	说 明
力学性能	冷轧带肋钢筋的力学性能应符合表 1-2-3、表 1-2-4 的规定。钢筋的强屈比 $\sigma_b/\sigma_{0.2}$ 应不小于 1.05。当进行冷弯试验时，弯曲部位表面不得产生裂纹。

冷轧带肋钢筋力学性能 表 1-2-3

牌号	σ_b (MPa) 不小于	伸长率(%) 不小于		弯曲试验 180°	反复弯曲次数	松弛率初始应力 $\sigma_{con}=0.7\sigma_b$	
		δ_{10}	δ_{100}			1 000h(%) 不大于	10h(%) 不大于
CRB 550	550	8.0	—	$D=3d$	—	—	—
CRB 650	650	—	4.0	—	3	8	5
CRB 800	800	—	4.0	—	3	8	5
CRB 970	970	—	4.0	—	3	8	5
CRB 1 170	1170	—	4.0	—	3	8	5

注：表中 D 为弯心直径，d 为钢筋公称直径。

反复弯曲试验的弯曲半径(mm) 表 1-2-4

钢筋公称直径	4	5	6
弯曲半径	10	15	15

1-1-3 冷轧扭钢筋

冷轧扭钢筋是用低碳钢钢筋(含碳量低于 0.25%)经冷轧扭工艺制成。这种钢筋具有较高的强度，而且有足够的塑性，与混凝土粘结性能优异，代替 HPB235 级钢筋可节约钢材约 30%。一般用于预制钢筋混凝土圆孔板、叠合板中的预制薄板，以及现浇钢筋混凝土楼板等，详见表 1-3。

冷 轧 扭 钢 筋 表 1-3

项 目	说 明
外形	冷轧扭钢筋应符合行业标准《冷轧扭钢筋》(JG 3046—1998)的规定。

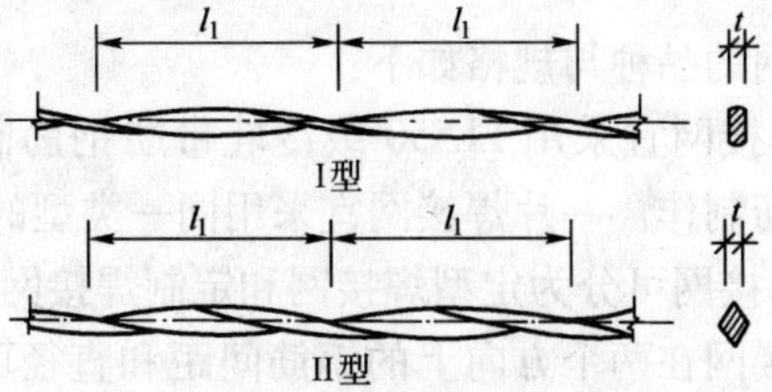

图 1-3 冷轧扭钢筋

t-轧扁厚度；l_1-节距

续上表

项　目	说　　明
规格	冷轧扭钢筋规格　表 1-3-1（见下表）
力学性能	冷轧扭钢筋力学性能　表 1-3-2（见下表）

冷轧扭钢筋规格　表 1-3-1

类　型	标志直径 d(mm)	公称截面面积 A(mm^2)	轧扁厚度 t(mm) 不小于	节　距 l_1(mm) 不大于	公称质量 G(kg/m)
Ⅰ型矩形	6.5	29.5	3.7	75	0.232
	8.0	45.3	4.2	95	0.356
	10.0	68.3	5.3	110	0.536
	12.0	98.3	6.2	150	0.733
	14.0	132.7	8.0	170	1.042
Ⅱ型菱形	12.0	97.8	8.0	145	0.768

注:实际质量和公称质量的负偏差不应大于5%。

冷轧扭钢筋力学性能　表 1-3-2

标志直径 d(mm)	抗拉强度 σ_b(MPa)	伸长率 δ_{10}(%)	冷　　弯	
	不小于		弯曲角度	弯心直径
6.5~14.0	580	4.5	180	$3d$

注:冷弯试验时,受弯部位表面不得产生裂纹。

1-1-4　钢筋焊接网

钢筋焊接网是由纵向钢筋和横向钢筋分别以一定间距排列且互成直角,全部交叉点均用电阻点焊在一起的钢筋网件。

冶金部行业标准《钢筋混凝土用焊接钢筋网》(YB/T 076—1955)和建设部行业标准《钢筋焊接网混凝土结构技术规程》(JGJ/T 114—97)已经颁布实施。钢筋焊接网已列入我国建筑业重点推广项目,具有较大的发展前景。

钢筋焊接网的品种与规格如下:

(1)钢筋焊接网宜采用 LL550 级冷轧带肋钢筋制作,也可采用 LG510 级冷拔光面钢筋制作。一片焊接网宜采用同一类型的钢筋焊成。

(2)钢筋焊接网可分为定型焊接网和定制焊接网两种。

①定型焊接网在两个方向上的钢筋间距和直径可以不同,但在同一个方向上的钢筋应具有相同的直径、间距和长度。定型钢筋焊接网的型号,参见表 1-4。

②定制焊接网的形状、尺寸应根据设计和施工要求,由供需双方协商确定。

(3)钢筋焊接网的规格,应符合下列规定:

①钢筋直径宜为4~12mm。

②焊接网长度不宜超过12m,宽度不宜超过3.4m。

定型钢筋焊接网型号　　表1-4

焊接网代号	纵向钢筋			横向钢筋			质量(kg/m²)
	公称直径(mm)	间距(mm)	每延米面积(mm²/m)	公称直径(mm)	间距(mm)	每延米面积(mm²/m)	
A12	12	200	566	12	200	566	8.88
A11	11		475	11		475	7.46
A10	10		393	10		393	6.16
A9	9		318	9		318	4.99
A8	8		252	8		252	3.95
A7	7		193	7		193	3.02
A6	6		142	6		142	2.22
A5	5		98	5		98	1.54
B12	12	100	1 131	8	200	252	10.90
B11	11		950	8		252	9.43
B10	10		785	8		252	8.14
B9	9		635	8		252	6.97
B8	8		503	8		252	5.93
B7	7		385	7		193	4.53
B6	6		283	7		193	3.73
B5	5		196	7		193	3.05
C12	12	150	754	12	200	566	10.36
C11	11		634	11		475	8.70
C10	10		523	10		393	7.19
C9	9		423	9		318	5.82
C8	8		335	8		252	4.61
C7	7		257	7		193	3.53
C6	6		189	6		142	2.60
C5	5		131	5		98	1.80

续上表

焊接网代号	纵向钢筋			横向钢筋			质量（kg/m^2）
	公称直径（mm）	间距（mm）	每延米面积（mm^2/m）	公称直径（mm）	间距（mm）	每延米面积（mm^2/m）	
D12	12	100	1 131	12	100	1 131	17.75
D11	11		950	11		950	14.92
D10	10		785	10		785	12.33
D9	9		635	9		635	9.98
D8	8		503	8		503	7.90
D7	7		385	7		385	6.04
D6	6		283	6		283	4.44
D5	5		196	5		196	3.08
E11	11	150	634	11	150	634	9.95
E10	10		523	10		523	8.22
E9	9		423	9		423	6.66
E8	8		335	8		335	5.26
E7	7		257	7		257	4.03
E6	6		189	6		189	2.96
E5	5		131	5		131	2.05

③焊接网制作方向的钢筋间距宜为100、150、200mm，与制作方向垂直的钢筋间距宜为100～400mm，且应为10mm的整倍数。

1-1-5　预应力混凝土用钢筋

1. 预应力混凝土钢丝

按照《预应力混凝土用钢丝》（GB/T 5223—2002）规定，预应力混凝土钢丝可选用冷拉或消除应力的光圆、螺旋肋和刻痕钢丝。消除应力钢丝包括低松弛和普通松弛两种（标准不推荐普通松弛级钢丝），见表1-5。

预应力混凝土钢丝　　表1-5

项　目	说　　明
冷拉钢丝	冷拉钢丝的力学性能应符合表1-5-1的规定。规定非比例伸长应力 $\sigma_{P0.2}$ 值不小于公称抗拉强度的75%。除抗拉强度、规定非比例伸长应力外，对压力管道用钢丝还需进行断面收缩率、扭转次数、松弛率的检验；对其他用途钢丝还需进行断后伸长率、弯曲次数的检验。

续上表

项目	说明
冷拉钢丝	冷拉钢丝的力学性能（表 1-5-1）

冷拉钢丝的力学性能　　表 1-5-1

公称直径 d_n (mm)	抗拉强度 σ_b (MPa) 不小于	规定非比例伸长应力 $\sigma_{P0.2}$ (MPa) 不小于	最大力下总伸长率 (L_0 = 200mm) δ_{gt} (%) 不小于	弯曲次数（次/180°）不小于	弯曲半径 R (mm)	断面收缩率 ϕ (%) 不小于	每 210mm 扭矩的扭转次数 n 不小于	初始应力相当于 70% 公称抗拉强度时，1 000h 后应力松弛率 r (%) 不大于
3	1 470	1 100	1.5	4	7.5	—	—	8
4	1 570	1 180		4	10	35	8	
	1 670	1 250						
5	1 770	1 330		4	15		8	
6	1 470	1 100		5	15	30	7	
7	1 570	1 180		5	20		6	
	1 670	1 250						
8	1 770	1 330		5	20		5	

项目	说明
消除应力光圆（ϕ^P）及螺旋肋（ϕ^H）钢丝	消除应力的光圆及螺旋肋钢丝的力学性能应符合表 1-5-2 的规定。规定非比例伸长应力 $\sigma_{P0.2}$ 值对低松弛钢丝应不小于公称抗拉强度的 88%，对普通松弛钢丝应不小于公称抗拉强度的 85%。

消除应力光圆及螺旋肋钢丝的力学性能　　表 1-5-2

公称直径 d_n (mm)	抗拉强度 σ_b (MPa) 不小于	规定非比例伸长应力 $\sigma_{P0.2}$ (MPa) 不小于 WLR	规定非比例伸长应力 $\sigma_{P0.2}$ (MPa) 不小于 WNR	最大力下总伸长率 (L_0 = 200mm) δ_{gt} (%) 不小于	弯曲次数（次/180°）不小于	弯曲半径 R (mm)
4	1 470	1 290	1 250	3.5	3	10
	1 570	1 380	1 330			
4.80	1 670	1 470	1 410		4	15
	1 770	1 560	1 500			
5	1 860	1 640	1 580			
6	1 470	1 290	1 250		4	15
	1 570	1 380	1 330			
6.25	1 670	1 470	1 410		4	20
7	1 770	1 560	1 500		4	20
8	1 470	1 290	1 250		4	20
9	1 570	1 380	1 330		4	25
10	1 470	1 290	1 250		4	25
12					4	30

应力松弛性能（对所有规格）：

初始应力相当于公称抗拉强度的百分数 (%)	1 000h 后应力松弛率 r (%) 不大于 WLR	1 000h 后应力松弛率 r (%) 不大于 WNR
60	1.0	4.5
70	2.0	8
80	4.5	12

续上表

项目	说明
消除应力光圆(ϕ^P)及螺旋肋(ϕ^H)钢丝	螺旋肋钢丝外形，见图1-4。 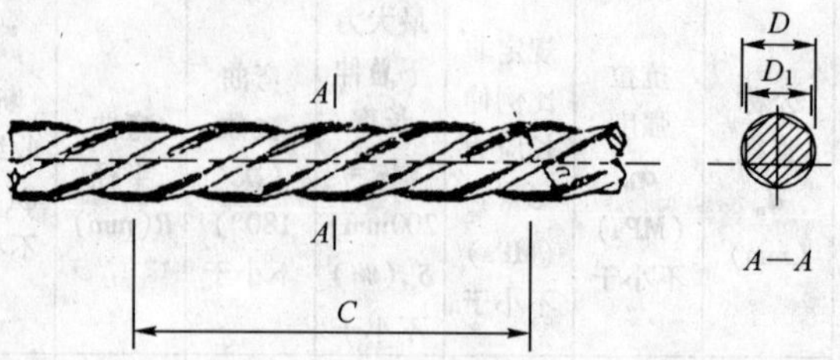 图1-4 螺旋肋钢丝外形示意图

消除应力刻痕(ϕ^I)钢丝

消除应力的刻痕钢丝的力学性能应符合表1-5-3规定。规定非比例伸长应力 $\sigma_{P0.2}$ 值对低松弛钢丝应不小于公称抗拉强度的88%，对普通松弛钢丝应不小于公称抗拉强度的85%。

消除应力的刻痕钢丝的力学性能 表1-5-3

公称直径 d_n (mm)	抗拉强度 σ_b(MPa) 不小于	规定非比例伸长应力 $\sigma_{P0.2}$(MPa) 不小于		最大力下总伸长率 (L_0 = 200mm) δ_{gt}(%) 不小于	弯曲次数 (次/180°) 不小于	弯曲半径 R(mm)	应力松弛性能 初始应力相当于公称抗拉强度的百分数(%)	1 000h后应力松弛率 r(%) 不大于	
		WLR	WNR				对所有规格	WLR	WNR
≤5.0	1 470	1 290	1 250	3.5	3	15	60	1.5	4.5
	1 570	1 380	1 330				70	2.5	8
	1 670	1 470	1 410				80	4.5	12
	1 770	1 560	1 500						
	1 860	1 640	1 580						
>5.0	1 470	1 290	1 250			20			
	1 570	1 380	1 330						
	1 670	1 470	1 410						
	1 770	1 560	1 500						

刻痕钢丝外形，见图1-5。

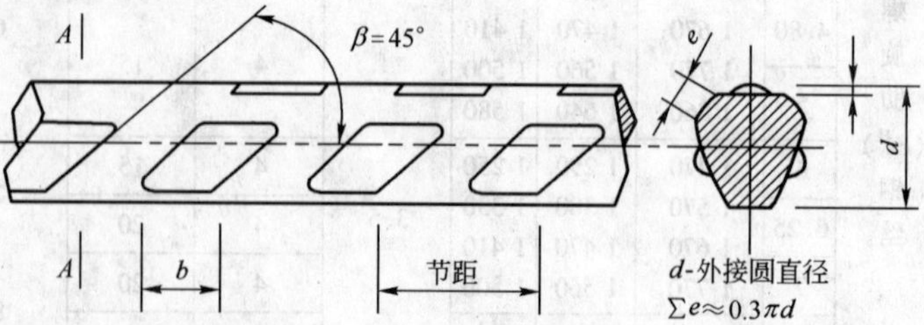

图1-5 三面刻痕钢丝外形示意图

注：为便于日常检验，表1-5-1中最大力下的总伸长率可采用 L_0 = 200mm 的断后伸长率代替，但其数值应不少于1.5%；表1-5-2和表1-5-3中最大力下的总伸长率可采用 L_0 = 200mm 的断后伸长率代替，但其数值应不少于3.0%。仲裁试验以最大力下总伸长率为准。

2. 预应力混凝土钢绞线

根据《预应力混凝土用钢绞线》(GB/T 5224—2003)的规定,钢绞线是由冷拉光圆钢丝及刻痕钢丝捻制的用于预应力混凝土结构的钢绞线。钢绞线按结构分为5类,其代号为:

用两根钢丝捻制的钢绞线	1×2
用三根钢丝捻制的钢绞线	1×3
用三根刻痕钢丝捻制的钢绞线	1×3I
用七根钢丝捻制的标准型钢绞线	1×7
用七根钢丝捻制又经模拔的钢绞线	(1×7)C

(1)尺寸、外形、质量及允许偏差,见表1-6。

钢绞线尺寸、外形、质量及允许偏差 表1-6

项 目	说 明
1×2结构钢绞线(ϕ^s)	1×2结构钢绞线的尺寸及允许偏差、每m参考质量应符合表1-6-1的规定,外形见图1-6。

图1-6 1×2结构钢绞线外形示意图

1×2结构钢绞线尺寸及允许偏差、每m参考质量 表1-6-1

钢绞线结构	公称直径		钢绞线直径允许偏差(mm)	钢绞线参考截面积 S_n(mm^2)	每m钢绞线参考质量(g/m)
	钢绞线直径 D_n(mm)	钢丝直径 d(mm)			
1×2	5.00	2.50	+0.15 −0.05	9.82	77.1
	5.80	2.90		13.2	104
	8.00	4.00	+0.25 −0.10	25.1	197
	10.00	5.00		39.3	309
	12.00	6.00		56.5	444

续上表

项目	说明

1×3 结构钢绞线（ϕ^s）

1×3 结构钢绞线尺寸及允许偏差、每 m 参考质量应符合表 1-6-2 的规定，外形见图 1-7。

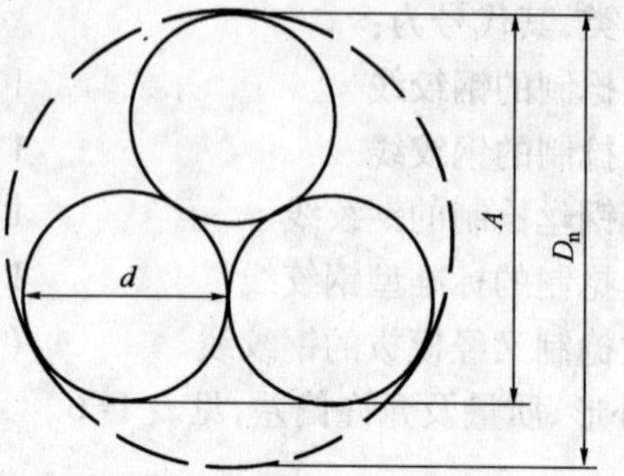

图 1-7　1×3 结构钢绞线外形示意图

1×3 结构钢绞线尺寸及允许偏差、每 m 参考质量　　表 1-6-2

钢绞线结构	公称直径		钢绞线测量尺寸 A(mm)	测量尺寸 A 允许偏差 (mm)	钢绞线参考截面积 S_n(mm^2)	每 m 钢绞线参考质量 (g/m)
	钢绞线直径 D_n(mm)	钢丝直径 d(mm)				
1×3	6.20	2.90	5.41	+0.15 −0.05	19.8	155
	6.50	3.00	5.60		21.2	166
	8.60	4.00	7.46	+0.20 −0.10	37.7	296
	8.74	4.05	7.56		38.6	303
	10.80	5.00	9.33		58.9	462
	12.90	6.00	11.2		84.8	666
1×3I	8.74	4.05	7.56		38.6	303

1×7 结构钢绞线（ϕ^s）

1×7 结构钢绞线尺寸及允许偏差、每 m 参考质量应符合表 1-6-3 的规定，外形见图 1-8。

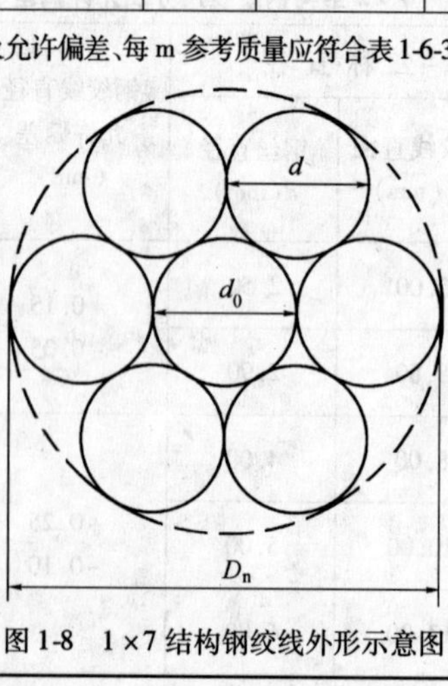

图 1-8　1×7 结构钢绞线外形示意图

续上表

项 目	说 明
1×7结构钢绞线（ϕ^s）	**1×7 结构钢绞线的尺寸及允许偏差、每 m 参考质量**　　表 1-6-3

钢绞线结构	公称直径 D_0(mm)	直径允许偏差(mm)	钢绞线参考截面积 S_n(mm)	每米钢绞线参考质量(g/m)	中心钢丝直径 d_0 加大范围(%)不小于
1×7	9.50	+0.30 −0.15	54.8	430	2.5
	11.10		74.2	582	
	12.70	+0.40 −0.20	98.7	775	
	15.20		140	1 101	
	15.70		150	1 178	
	17.80		191	1 500	
(1×7)C	12.70	+0.40 −0.20	112	890	
	15.20		165	1 295	
	18.00		223	1 750	

(2)力学性能，见表 1-7。

力 学 性 能　　表 1-7

项 目	说 明
1×2结构钢绞线（ϕ^s）	1×2 结构钢绞线的力学性能应符合表 1-7-1 规定。

1×2 结构钢绞线力学性能　　表 1-7-1

钢绞线结构	钢绞线公称直径 D_n(mm)	抗拉强度 R_m(MPa)不小于	整根钢绞线的最大力 F_m(kN)不小于	规定非比例延伸力 $F_{P0.2}$(kN)不小于	最大力总伸长率($L_0 \geq$ 400mm) A_{gt}(%)不小于	应力松弛性能：初始负荷相当于公称最大力的百分数(%)	应力松弛性能：1000h 后应力松弛率 r(%)不大于
1×2	5.00	1 570	15.4	13.9	对所有规格	对所有规格	对所有规格
		1 720	16.9	15.2			
		1 860	18.3	16.5			
		1 960	19.2	17.3			

续上表

项 目	说 明							

续表 1-7-1

项 目	钢绞线结构	钢绞线公称直径 D_n(mm)	抗拉强度 R_m(MPa) 不小于	整根钢绞线的最大力 F_m(kN) 不小于	规定非比例延伸力 $F_{P0.2}$(kN) 不小于	最大力总伸长率 ($L_0 \geq$ 400mm) A_{gt}(%) 不小于	应力松弛性能：初始负荷相当于公称最大力的百分数(%)	应力松弛性能：1000h 后应力松弛率 r(%) 不大于
			1 570	20.7	18.6		60	1.0
		5.80	1 720	22.7	20.4			
			1 860	24.6	22.1			
			1 960	25.9	23.3	3.5	70	2.5
1×2结构钢绞线(ϕ^s)			1 470	36.0	33.2			
			1 570	39.4	35.5			
		8.00	1 720	43.2	38.9		80	4.5
			1 860	46.7	42.0			
	1×2		1 960	49.2	44.3			
			1 470	57.8	52.0			
			1 570	61.7	55.5			
		10.00	1 720	67.6	60.8			
			1 860	73.1	65.8			
			1 960	77.0	69.3			
			1 470	83.1	74.8			
		12.00	1 570	88.7	79.8			
			1 720	97.2	87.5			
			1 860	105	94.5			

注：规定非比例延伸力 $F_{P0.2}$ 值不小于整根钢绞线公称最大力 F_m 的 90%。

续上表

项 目	说 明

1×3 结构钢绞线的力学性能应符合表 1-7-2 规定。

1×3 结构钢绞线力学性能　　表 1-7-2

钢绞线结构	钢绞线公称直径 D_n(mm)	抗拉强度 R_m(MPa) 不小于	整根钢绞线的最大力 F_m(kN) 不小于	规定非比例延伸力 $F_{P0.2}$(kN) 不小于	最大力总伸长率 ($L_0 \geq$ 400mm) A_{gt}(%) 不小于	应力松弛性能：初始负荷相当于公称最大力的百分数（%）	应力松弛性能：1000h 后应力松弛率 r(%) 不大于
					对所有规格	对所有规格	对所有规格
1×3 结构钢绞线（ϕ^s）1×3	6.20	1 570	31.1	28.0			
		1 720	34.1	30.7			
		1 860	36.8	33.1			
		1 960	38.8	34.9			
	6.50	1 570	33.3	30.0			
		1 720	36.5	32.9		60	1.0
		1 860	39.4	35.5			
		1 960	41.6	37.4			
	8.60	1 470	55.4	49.9			
		1 570	59.2	53.3			
		1 720	64.8	58.3	3.5	70	2.5
		1 860	70.1	63.1			
		1 960	73.9	66.5			
	8.74	1 570	60.6	54.5			
		1 670	64.5	58.1			
		1 860	71.8	64.6			
	10.80	1 470	86.6	77.9			
		1 570	92.5	83.3		80	4.5
		1 720	101	90.9			
		1 860	110	99.0			
		1 960	115	104			
	12.90	1 470	125	113			
		1 570	133	120			
		1 720	146	131			
		1 860	158	142			
		1 960	166	149			
1×3I	3.74	1 570	60.6	54.5			
		1 670	64.5	58.1			
		1 860	71.8	64.6			

注：规定非比例延伸力 $F_{P0.2}$ 值不小于整根钢绞线公称最大力 F_m 的 90%。

续上表

项　目	说　明							
	1×7 结构钢绞线的力学性能应符合表 1-7-3 规定。							

1×7 结构钢绞线力学性能

表 1-7-3

项目	钢绞线结构	钢绞线公称直径 D_n(mm)	抗拉强度 R_m(MPa)不小于	整根钢绞线的最大力 F_m(kN)不小于	规定非比例延伸力 $F_{P0.2}$(kN)不小于	最大力总伸长率($L_0 \geq$ 500mm) A_{gt}(%)不小于	应力松弛性能：初始负荷相当于公称最大力的百分数(%)	应力松弛性能：1000h 后应力松弛率 r(%)不大于
1×7结构钢绞线(ϕ^s)	1×7	9.50	1 720	94.3	84.9	对所有规格	对所有规格	对所有规格
			1 860	102	91.8			
			1 960	107	96.3			
		11.10	1 720	128	115		60	1.0
			1 860	138	124			
			1 960	145	131			
		12.70	1 720	170	153			
			1 860	184	166	3.5	70	2.5
			1 960	193	174			
		15.20	1 470	206	185			
			1 570	220	198			
			1 670	234	211			
			1 720	241	217		80	4.5
			1 860	260	234			
			1 960	274	247			
		15.70	1 770	266	239			
			1 860	279	251			
		17.80	1 720	327	294			
			1 860	353	318			
	(1×7)C	12.70	1 860	208	187			
		15.20	1 820	300	270			
		18.00	1720	384	346			

注：规定非比例延伸力 $F_{P0.2}$ 值不小于整根钢绞线公称最大力 F_m 的 90%。

1-2 钢筋性能及质量检验

1-2-1 钢筋性能

钢筋的性能包括力学性能、冷弯性能、焊接性能和锚固性能，详见表1-8。

钢 筋 性 能　　　　表1-8

<table>
<tr><th>项 目</th><th>说 明</th></tr>
<tr><td>钢筋力学性能</td><td>
1. 热轧钢筋
热轧钢筋具有软钢性质，有明显的屈服点，其应力-应变关系见图1-9。在应力达到 a 点之前，应力与应变成正比，呈弹性工作状态，a 点的应力值 σ_p 称为比例极限；应力超过 a 点之后，应力与应变不成比例，有塑性变形，当应力达到 b 点，钢筋到达了屈服阶段，应力值保持在某一数值附近上、下波动而应变继续增加，取该阶段最低点 c 的应力值称为屈服点 σ_s；超过屈服阶段后，应力与应变又呈上升状态，直至最高点 d，称为强化阶段，d 点的应力值称为抗拉强度（强度极限）σ_b；从最高点 d 至断裂点 e' 钢筋产生颈缩现象，荷载下降，伸长增大，很快被拉断。
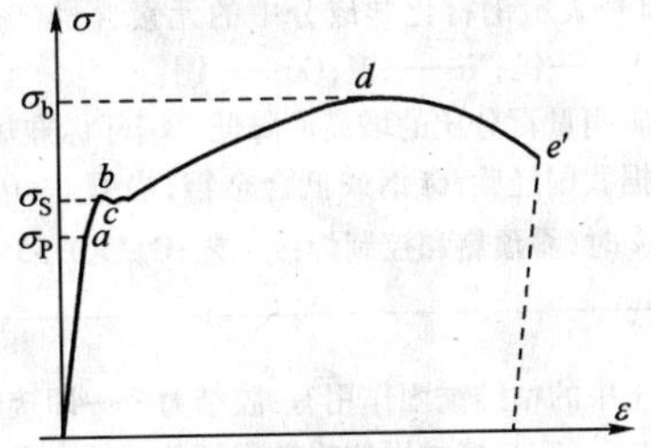

图1-9　热轧钢筋的应力-应变图
2. 冷轧带肋钢筋
冷轧带肋钢筋的应力-应变图（图1-10），呈硬钢性质，无明显屈服点。一般将对应于塑性应变为0.2%时的应力定为屈服强度，并以 $\sigma_{0.2}$ 表示。
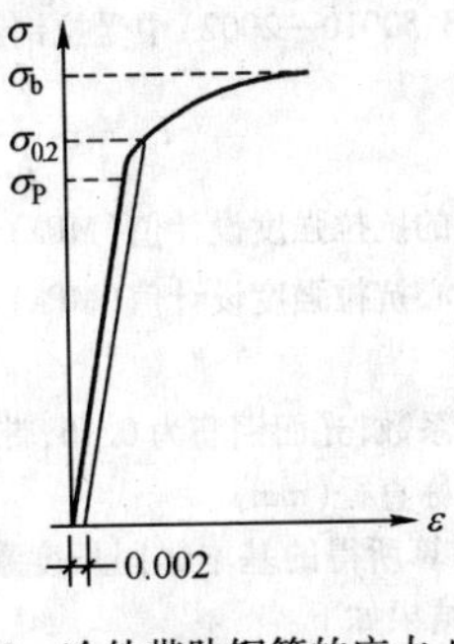

图1-10　冷轧带肋钢筋的应力-应变图
</td></tr>
</table>

续上表

项 目	说 明
钢筋力学性能	高强钢筋在高应力下往往引起构件过大的变形和裂缝。因此,对普通混凝土结构,设计强度限值为360MPa。 钢筋的延性通常用拉伸试验测得的伸长率表示。影响延性的主要因素是钢筋的材质。热轧低碳钢筋强度虽低但延性好。钢筋进行热处理和冷加工同样可提高强度,但延性降低。 混凝土构件的延性表现为破坏前有明显的挠度或较大的裂缝。构件的延性与钢筋的延性有关,但二者并不等同,它还与配筋率、钢筋强度、预应力程度、高跨比、裂缝控制性能等有关
钢筋冷弯性能	钢筋冷弯是考核钢筋的塑性指标,也是钢筋加工所需的。钢筋弯折、做弯钩时应避免钢筋裂缝和折断。低强的热轧钢筋冷弯性能较好,强度较高的稍差,冷加工钢筋的冷弯性能最差。冷轧扭钢筋因截面具有方向性,只能在扁平方向弯折一次,限制了它的施工适应性
钢筋焊接性能	钢材的可焊性系指被焊钢材在采用一定焊接材料、焊接工艺条件下,获得优质焊接接头的难易程度,也就是钢材对焊接加工的适应性。 钢材的可焊性常用碳当量(C_{eq})来估计,计算公式如下: $C_{eq} = C + \frac{Mn}{6} + \frac{Cr + Mo + V}{5} + \frac{Ni + Cu}{15}(\%)$ (1-1) 式中,元素符号表示钢材化学成分中的元素含量(%):C——碳;Mn——锰;Cr——铬;Mo——钼;V——钒;Ni——镍;Cu——铜。 焊接性能随碳当量百分比的增高而降低。国际标准规定碳当量不大于0.55%,认为是可焊的。根据我国经验,碳钢或低合金钢,当$C_{eq}<0.40\%$时,焊接性能优良;$C_{eq}=0.40\%\sim0.55\%$时,需预热和控制焊接工艺;$C_{eq}>0.55\%$时,难焊
钢筋锚固性能	钢筋在混凝土中的粘结锚固作用有:胶结力——即接触面上的化学吸附作用,但其影响不大;摩阻力——它与接触面的粗糙程度及侧压力有关,且随滑移发展其作用逐渐减小;咬合力——这是带肋钢筋横肋对肋前混凝土挤压而产生的,为带肋钢筋锚固力的主要来源;机械锚固力——这是指弯钩、弯折及附加锚固等措施(如焊锚板、贴焊钢筋等)提供的锚固作用。 钢筋基本锚固长度,取决于钢筋强度及混凝土抗拉强度,并与钢筋外形有关。《混凝土结构设计规范》(GB 50010—2002)中受拉钢筋的锚固长度l_a计算公式如下: $l_a = \alpha \frac{f_y}{f_t} d$ (1-2) 式中:f_y——普通钢筋的抗拉强度设计值(MPa); f_t——混凝土轴心抗拉强度设计值(MPa);当混凝土强度等级高于C40时,按C40取值; α——钢筋外形系数,光面钢筋为0.16,带肋钢筋0.14,螺旋肋钢丝0.13; d——钢筋的公称直径(mm)。 上式应用时,应将计算所得的基本锚固长度乘以对应于不同锚固条件的修正系数。基本锚固长度的计算结果如下:

续上表

项目	说明				
钢筋锚固性能	纵向受拉钢筋的最小锚固长度 l_a(mm)　表 1-8-1				
	钢筋类型	混凝土强度等级			
		C15	C20～C25	C30～C35	≥C40
	HPB 235 级	40d	30d	25d	20d
	HRB 335 级	50d	40d	30d	25d
	HRB 400 与 RRB 400 级	—	45d	35d	30d
	注:1. 光圆钢筋末端应做180°弯钩,弯后平直段长度不应小于3d。 2. 在任何情况下,纵向受拉钢筋的锚固长度不应小于250d。 3. d——钢筋公称直径。				

1-2-2 钢筋质量检验和保管

1. 检查项目和方法

钢筋的检查项目和方法,见表1-9。

检查项目和方法　表 1-9

项目	说明
主控项目	(1)钢筋进场时,应按现行国家标准《钢筋混凝土用热轧带肋钢筋》(GB 1499—1998)等的规定抽取试件作力学性能检验,其质量必须符合有关标准的规定。 检查数量:按进场的批次和产品的抽样检验方案确定。 检验方法:检查产品合格证、出厂检验报告和进场复验报告。 (2)对有抗震设防要求的框架结构,其纵向受力钢筋的强度应满足设计要求;当设计无具体要求时,对一、二级抗震等级,检验所得的强度实测值应符合下列规定: ①钢筋的抗拉强度实测值与屈服强度实测值的比值不应小于1.25。 ②钢筋的屈服强度实测值与强度标准值的比值不应大于1.3,检查数量与方法同(1)。 (3)当发现钢筋脆断、焊接性能不良或力学性能显著不正常等现象时,应对该批钢筋进行化学成分检验或其他专项检验
一般项目	钢筋应平直、无损伤,表面不得有裂纹、油污、颗粒状或片状老锈。 检查数量:进场时和使用前全数检查。 检查方法:观察

2. 热轧钢筋检验

热轧钢筋的检验见表1-10。

热轧钢筋检验 表 1-10

项目	说　明
检验批	热轧钢筋进场时,应按批进行检查和验收。每批由同一牌号、同一炉罐号、同一规格的钢筋组成,重量不大于60t。允许由同一牌号、同一冶炼方法、同一浇注方法但不同炉罐号的钢筋组成混合批,但各炉罐号含碳量之差不得大于0.02%,含锰量之差不大于0.15%
外观检查	从每批钢筋中抽取5%进行外观检查。钢筋表面不得有裂纹、结疤和折叠。钢筋表面允许有凸块,但不得超过横肋的高度,钢筋表面上其他缺陷的深度和高度不得大于所在部位尺寸的允许偏差。 钢筋可按实际质量或公称质量交货。当钢筋按实际质量交货时,应随机抽取10根(6m长)钢筋称重,如质量偏差大于允许偏差,则应与生产厂交涉,以免损害用户利益
力学性能试验	从每批钢筋中任选两根钢筋,每根取两个试件分别进行拉伸试验(包括屈服点、抗拉强度和伸长率)和冷弯试验。 拉伸、冷弯、反弯试验试件不允许进行车削加工。计算钢筋强度时,采用公称横截面面积。反弯试验时,经正向弯曲后的试件应在100℃温度下保温不少于30min,经自然冷却后再进行反向弯曲。当能保证钢筋的反弯性能时,正弯后的试件也可在室温下直接进行反向弯曲。 如有一项试验结果不符合表1-1-3要求,则从同一批中另取双倍数量的试件重作各项试验。如仍有不少于一个试件不合格,则该批钢筋为不合格品。 对热轧钢筋的质量有疑问或类别不明时,在使用前应作拉伸和冷弯试验。根据试验结果确定钢筋的类别后,才允许使用。抽样数量应根据实际情况确定。这种钢筋不宜用于主要承重结构的重要部位

3. 冷轧带肋钢筋检验

冷轧带肋钢筋的检验见表1-11。

冷轧带肋钢筋检验 表 1-11

项　目	说　明
检验批	冷轧带肋钢筋进场时,应按批进行检查和验收。每批由同一钢号、同一规格和同一级别的钢筋组成,重量不大于50t
外观检查	每批抽取总量的5%(但不少于5盘或5捆)进行外形尺寸、表面质量和质量偏差的检查。检查结果应符合表1-2-1的要求,如其中有一盘(捆)不合格,则应对该批钢筋逐盘或逐捆检查
力学性能检验	钢筋的力学性能应逐盘、逐捆进行检验。从每盘或每捆取两个试件,一个作拉伸试验,一个作冷弯试验。试验结果如有一项指标不符合表1-2-3的要求,则该盘钢筋判为不合格;对每捆钢筋,可加倍取样复验判定

4. 冷轧扭钢筋检验

冷轧扭钢筋的检验见表1-12。

冷轧扭钢筋检验　　表1-12

项　目	说　明
检验批	冷轧扭钢筋进场时，应分批进行检查和验收。每批由同一钢厂、同一牌号、同一规格的钢筋组成，质量不大于10t。当连续检验10批均为合格时检验批质量可扩大一倍
外观检查	从每批钢筋中抽取总量的5%进行外形尺寸、表面质量和质量偏差的检查。钢筋表面不应有影响钢筋力学性能的裂纹、折叠、结疤、压痕、机械损伤或其他影响使用的缺陷。钢筋的压扁厚度和节距、质量等应符合表1-3-1的要求。当质量负偏差大于5%时，该批钢筋判定为不合格。当仅轧扁厚度小于或节距大于规定值，仍可判为合格，但需降直径规格使用，例如公称直径为$\phi^{t}14$降为$\phi^{t}12$
力学性能试验	从每批钢筋中随机抽取3根钢筋，各取一个试件。其中，两个试件做拉伸试验，一个试件做冷弯试验。试件长度宜取偶数倍节距，且不应小于4倍节距，同时不小于500mm。 当全部试验项目均符合表1-3-2的要求，则该批钢筋判为合格。如有一项试验结果不符合，则应加倍取样复检判定

5. 钢筋的保管

(1)钢筋在运输和储存时，不得损坏标志。在施工现场必须按批分不同等级、牌号、直径、长度分别挂牌堆放整齐，并注明数量，不得混淆。

(2)钢筋应尽量堆放在仓库或料棚内，在条件不具备时，应选择地势较高、较平坦坚实的露天场地堆放。在场地或仓库周围要设排水沟，以防积水。堆放时，钢筋下面要填以垫木，离地不宜少于200mm，也可用钢筋堆放架堆放，以免钢筋锈蚀和污染。

(3)钢筋堆放，应防止与酸、盐、油等类物品存放在一起，同时堆放地点不要和产生有害气体的车间靠近，以免钢筋被油污和受到腐蚀。

(4)已加工的钢筋成品，要分工程名称和构件名称，按号码顺序堆放，同一项工程与同一构件的钢筋要放在一起，按号牌排列，牌上注明构件名称、部位、钢筋形式、尺寸、钢号、直径、根数，不得将几项工程的钢筋叠放在一起。

2 钢筋配制构造

2-1 一 般 规 定

2-1-1 混凝土保护层

混凝土结构的耐久性与混凝土的保护层有关,混凝土保护层又与混凝土结构所处的环境类别和设计使用年限有关,详见表2-1。

混凝土的保护层　　表2-1

<table>
<tr><th>项 目</th><th>说 明</th></tr>
<tr><td>环境类别</td><td>
混凝土结构的环境类别　　表2-1-1
<table>
<tr><th colspan="2">环境类别</th><th>条 件</th></tr>
<tr><td colspan="2">一</td><td>室内正常环境</td></tr>
<tr><td rowspan="2">二</td><td>a</td><td>室内潮湿环境;非严寒和非寒冷地区的露天环境、与无侵蚀性的水或土壤直接接触的环境</td></tr>
<tr><td>b</td><td>严寒和寒冷地区的露天环境、与无侵蚀性的水或土壤直接接触的环境</td></tr>
<tr><td colspan="2">三</td><td>使用除冰盐的环境;严寒和寒冷地区冬季水位变动的环境;滨海室外环境</td></tr>
<tr><td colspan="2">四</td><td>海水环境</td></tr>
<tr><td colspan="2">五</td><td>受人为或自然的侵蚀性物质影响的环境</td></tr>
</table>
注:严寒和寒冷地区的划分应符合国家现行标准《民用建筑热工设计规程》JGJ 24 的规定。
</td></tr>
<tr><td>混凝土保护层最小厚度</td><td>
(1)从钢筋粘结锚固角度对混凝土保护层提出的要求是为了保证钢筋与其周围混凝土能共同工作,并使钢筋充分发挥计算所需的强度。
(2)根据耐久性要求的混凝土保护层最小厚度,是按照构件在50年内能保护钢筋不发生危及结构安全的锈蚀确定的。
纵向受力钢筋的混凝土保护层最小厚度(钢筋外边缘至混凝土表面的距离)不应小于钢筋的公称直径,且应符合表2-1-2的规定。
</td></tr>
</table>

续上表

<table>
<tr><th>项目</th><th>说明</th></tr>
<tr><td>混凝土保护层最小厚度</td><td>
纵向受力钢筋的混凝土保护层最小厚度(mm)　　表 2-1-2
<table>
<tr><td colspan="2" rowspan="2">环境类别</td><td colspan="3">板、墙、壳</td><td colspan="3">梁</td><td colspan="3">柱</td></tr>
<tr><td>≤C20</td><td>C25 ~ C45</td><td>≥C50</td><td>≤C20</td><td>C25 ~ C45</td><td>≥C50</td><td>≤C20</td><td>C25 ~ C45</td><td>≥C50</td></tr>
<tr><td colspan="2">一</td><td>20</td><td>15</td><td>15</td><td>30</td><td>25</td><td>25</td><td>30</td><td>30</td><td>30</td></tr>
<tr><td rowspan="2">二</td><td>a</td><td>—</td><td>20</td><td>20</td><td>—</td><td>30</td><td>30</td><td>—</td><td>30</td><td>30</td></tr>
<tr><td>b</td><td>—</td><td>25</td><td>20</td><td>—</td><td>35</td><td>30</td><td>—</td><td>35</td><td>30</td></tr>
<tr><td colspan="2">三</td><td>—</td><td>30</td><td>25</td><td>—</td><td>40</td><td>35</td><td>—</td><td>40</td><td>35</td></tr>
</table>
注:基础中纵向受力钢筋的混凝土保护层厚度不应小于 40mm;当无垫层时不应小于 70mm。
(3)板、墙、壳中分布钢筋的保护层不应小于表 2-1-2 中相应数值减 10mm,且不应小于 10mm。梁、柱中箍筋和构造钢筋的保护层不应小于 15mm。
(4)处于一类环境且由工厂生产的预制构件,当混凝土强度等级不低于 C20 时,其保护层厚度可按表 2-1-2 中的数值减少 5mm;处于二类环境且由工厂生产的预制构件,当表面采取有效保护措施时,保护层厚度可按表 2-1-2 中一类环境数值取用。预制钢筋混凝土受弯构件钢筋端头的保护层厚度不应小于 10mm;预制肋形板主肋钢筋的保护层厚度应按梁的数值取用。
(5)当梁、柱中纵向受力钢筋的混凝土保护层厚度大于 40mm 时,应对保护层采取有效的防裂构造措施。处于二、三类环境中的悬臂板,其上表面应采取有效的保护措施。
(6)预制钢筋混凝土受弯构件钢筋端头的保护层厚度不应小于 10mm;预制肋形板主肋钢筋的保护层厚度应按梁的数值取用
</td></tr>
<tr><td>特殊条件下的混凝土保护层</td><td>
(1)一类环境中,设计使用年限为 100 年的结构混凝土保护层厚度应按表 2-1-2 的数值增加 40%;当采取有效的表面防护措施时,混凝土保护层可适当减少。
(2)三类环境中的结构构件,其受力钢筋宜采用环氧树脂涂层带肋钢筋。
(3)对有防火要求的建筑物,其混凝土保护层厚度尚应符合国家现行有关标准的要求。
(4)处于四、五类环境中的建筑物,其混凝土保护层厚度尚应符合国家现行有关标准的要求
</td></tr>
</table>

2-1-2　钢筋的锚固和连接

钢筋的锚固和连接,见表 2-2。

钢筋的锚固和连接 表 2-2

项　目	说　　明
钢筋锚固	(1)当计算中充分利用钢筋的抗拉强度时,受拉钢筋的锚固长度按公式(1-2)计算,不应小于表 1-8-1 规定的数值。 当符合下列条件时,表 1-8-1 的锚固长度应进行修正。 ①当 HRB335、HRB400 和 RRB400 级钢筋的直径大于 25mm 时,其锚固长度应乘以修正系数 1.1。 ②HRB335、HRB400 和 RRB400 级环氧树脂涂层钢筋的锚固长度,应乘以修正系数 1.25。 ③当钢筋在混凝土施工过程中易受扰动(如滑模施工)时,其锚固长度应乘以修正系数 1.1。 ④当 HRB335、HRB400 和 RRB400 级钢筋在锚固区的混凝土保护层厚度大于钢筋直径的 3 倍且配有箍筋时,其锚固长度可乘以修正系数 0.8。 (2)当计算充分利用纵向钢筋的抗压强度时,其锚固长度不应小于表 1-8-1 所列的受拉钢筋锚固长度的 0.7 倍。 (3)当 HRB335、HRB400 和 RRB400 级纵向受拉钢筋末端采用机械锚固措施时,包括附加锚固端头在内的锚固长度可取表 1-8-1 所列锚固长度的 0.7 倍。 机械锚固的形式和构造要求宜按图 2-1 采用。 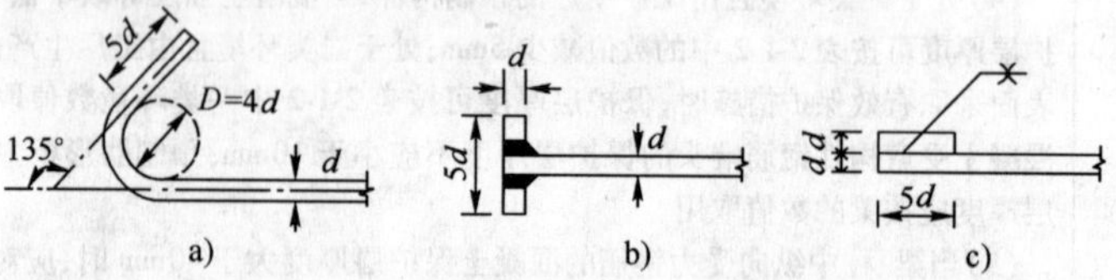 图 2-1　钢筋机械锚固的形式及构造要求 a)末端带 135°弯钩;b)末端与钢板穿孔塞焊;c)末端与短钢筋双面贴焊 采用机械锚固措施时,锚固长度范围内的箍筋不应少于 3 个,其直径不应小于纵向钢筋直径的 0.25 倍,其间距不应大于纵向钢筋直径的 5 倍。当纵向钢筋的混凝土保护层厚度不小于钢筋公称直径的 5 倍时,可不配置上述钢筋。 (4)对承受重复荷载的预制构件,应将纵向受拉钢筋的末端焊接在钢板或角钢上。钢板或角钢应可靠地锚固在混凝土中,其尺寸应按计算确定,厚度不宜小于 10mm
钢筋连接	钢筋连接方式,可分为绑扎搭接、焊接、机械连接等。由于钢筋通过连接接头传力的性能总不如整根钢筋,因此设置钢筋连接原则为:钢筋接头宜设置在受力较小处,同一根钢筋上宜少设接头,同一构件中的纵向受力钢筋接头宜相互错开。 1. 接头使用规定 (1)直径大于 12mm 的钢筋,应优先采用焊接接头或机械连接接头。 (2)轴心受拉及小偏心受拉杆件(如桁架和拱的拉杆)的纵向受力钢筋不得采用绑扎搭接接头。 (3)直接承受动力荷载的结构构件中,其纵向受拉钢筋不得采用绑扎搭接接头。 2. 接头面积允许百分率 同一连接区段内,纵向钢筋搭接接头面积百分率为该区段内有搭接接头的纵向受力钢筋截面面积与全部纵向受力钢筋截面面积的比值。

续上表

项 目	说 明
钢筋连接	见下文

(1)钢筋绑扎搭接接头连接区段的长度为 $1.3l_l$(l_l 为搭接长度),凡搭接接头中点位于该连接区段长度内的搭接接头均属于同一连接区段(图 2-2)。同一连接区段内,纵向受拉钢筋搭接接头面积百分率应符合设计要求;当设计无具体要求时,应符合下列规定:

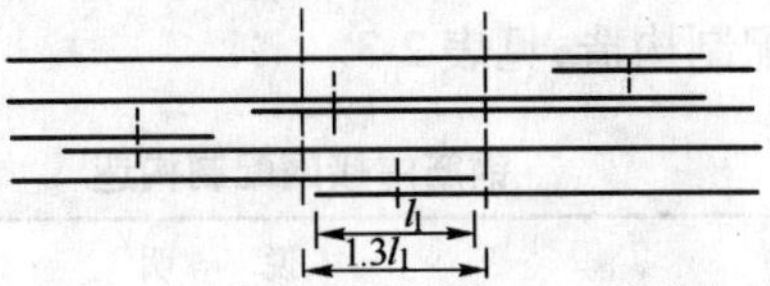

图 2-2　同一连接区段内的纵向受拉钢筋绑扎搭接接头

①对梁、板类及墙类构件,不宜大于 25%。

②对柱类构件,不宜大于 50%。

③当工程中确有必要增大接头面积百分率时,对梁类构件不应大于 50%;对其他构件,可根据实际情况放宽。纵向受压钢筋搭接接头面积百分率,不宜大于 50%。

(2)钢筋机械连接与焊接接头连接区段的长度为 35 倍 d(d 为纵向受力钢筋的较大直径),且不小于 500mm。同一连接区段内,纵向受力钢筋的接头面积百分率应符合设计要求;当设计无具体要求时,应符合下列规定:

①受拉区不宜大于 50%;受压区不受限制。

②接头不宜设置在有抗震设防要求的框架梁端、柱端的箍筋加密区;当无法避开时,对等强度高质量机械连接接头,不应大于 50%。

③直接承受动力荷载的结构构件中,不宜采用焊接接头;当采用机械连接接头时,不应大于 50%。

3. 绑扎接头搭接长度

(1)纵向受拉钢筋绑扎搭接接头的搭接长度应根据位于同一连接区段内的钢筋搭接接头面积百分率按下列公式计算:

$$l_l = \zeta l_a \tag{2-1}$$

式中:l_a——纵向受拉钢筋的锚固长度,按表 2-2 钢筋锚固说明确定;

ζ——纵向受拉钢筋搭接长度修正系数,按表 2-2-1 取用。

纵向受拉钢筋搭接长度修正系数　　表 2-2-1

纵向钢筋搭接接头面积百分率(%)	≤25	50	100
ζ	1.2	1.4	1.6

(2)构件中的纵向受压钢筋,当采用搭接连接时,其受压搭接长度不应小于纵向受拉钢筋搭接长度的 0.7 倍,且在任何情况下都不应小于 200mm。

(3)在梁、柱类构件的纵向受力钢筋搭接长度范围内,应按设计要求配置箍筋。当设计无具体要求时,应符合下列规定:

①箍筋直径不应小于搭接钢筋较大直径的 0.25 倍。

②受拉搭接区段的箍筋间距不应大于搭接钢筋较小直径的 5 倍,且不应大于 100mm。

③受压搭接区段的箍筋间距不应大于搭接钢筋较小直径的 10 倍,且不应大于 200mm。

④当柱中纵向受力钢筋直径大于 25mm 时,应在搭接接头两个端面外 100mm 范围内各设置两个箍筋,其间距宜为 50mm

2-2　钢筋焊接网配制构造及预埋件、吊环构造

2-2-1　钢筋焊接网配制构造

钢筋焊接网配制构造，见表 2-3。

钢筋焊接网配制构造　　表 2-3

<table>
<tr><th>项　目</th><th>说　明</th></tr>
<tr><td>受拉钢筋焊接网</td><td>
对于受拉钢筋焊接网，当在锚固长度范围内具有图 2-3 所示的横向钢筋时，其最小锚固长度应符合表 2-3-1 的规定。
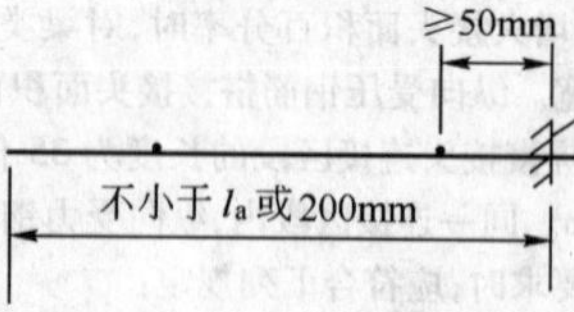

图 2-3　受拉钢筋焊接网的锚固
钢筋焊接网的最小锚固长度　　表 2-3-1
<table>
<tr><th rowspan="2">焊接网钢筋类别</th><th rowspan="2">锚固长度范围横向钢筋</th><th colspan="3">混凝土强度等级</th></tr>
<tr><th>C20</th><th>C25</th><th>C30</th></tr>
<tr><td rowspan="2">冷轧带肋钢筋</td><td>1 根</td><td>30d</td><td>25d</td><td>20d</td></tr>
<tr><td>无</td><td>40d</td><td>35d</td><td>30d</td></tr>
<tr><td>冷拔光圆钢筋</td><td>2 根</td><td>35d</td><td>30d</td><td>25d</td></tr>
</table>
注：1. d 为纵向受力钢筋直径。
2. 当钢筋直径 $d \geqslant 8$mm 时，其锚固长度应按表中数值增加 5d。
3. 受力钢筋并筋时，其锚固长度应按表中数值乘以 1.4。
</td></tr>
<tr><td>搭接接头</td><td>
钢筋焊接网的搭接接头，应设置在受力较小处。钢筋焊接网在受拉方向的搭接接头可采用叠接法或扣接法，并应符合下列规定：
（1）两片冷轧带肋钢筋焊接网末端钢筋搭接接头的最小搭接长度，不应小于最小锚固长度 l_a 的 1.2 倍，且不应小于 200mm；在搭接区内每张焊接网片的横向钢筋不得少于一根，两网片最外一根横向钢筋之间搭接长度不应小于 50mm（图 2-4）。
（2）冷拔光面钢筋焊接网在搭接长度范围内每张网片的横向钢筋不应少于两根，两片焊接网最外边横向钢筋间的搭接长度不应少于一个网格（图 2-4），也不应小于 l_a 的 1.2 倍，且不应小于 250mm。
</td></tr>
</table>

<table>
<tr><th>项 目</th><th>说 明</th></tr>
<tr><td>搭接接头</td><td>
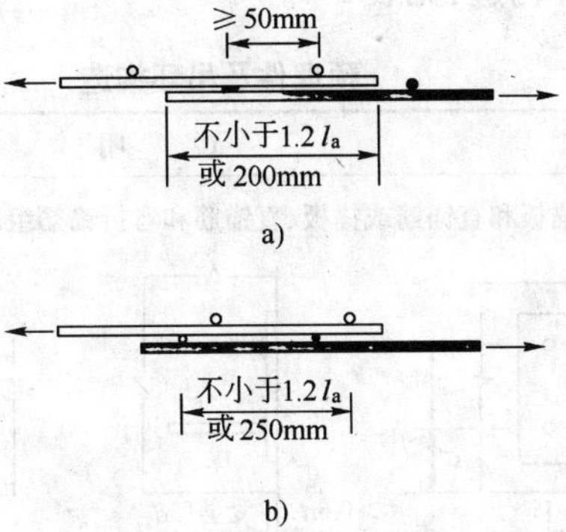

图2-4 钢筋焊接网搭接接头
a)冷轧带肋钢筋;b)冷拔光面钢筋
(3)钢筋焊接网在受压方向的搭接长度,应取受拉钢筋搭接长度的0.7倍
</td></tr>
<tr><td>非受力方向搭接</td><td>
钢筋焊接网在非受力方向的分布钢筋的搭接,当采用叠接法(图2-5a)或扣接法(图2-5b)时,每个网片在搭接范围内至少应有一根受力主筋,搭接长度不应小于20d(d为分布钢筋直径),且不应小于150mm。
当采用平接法搭接且一张网片在搭接区内无受力钢筋时(图2-5c),其搭接长度:对冷轧带肋钢筋焊接网不应小于20d且不应小于200mm,对冷拔光面钢筋焊接网不应小于25d且不应小于250mm。
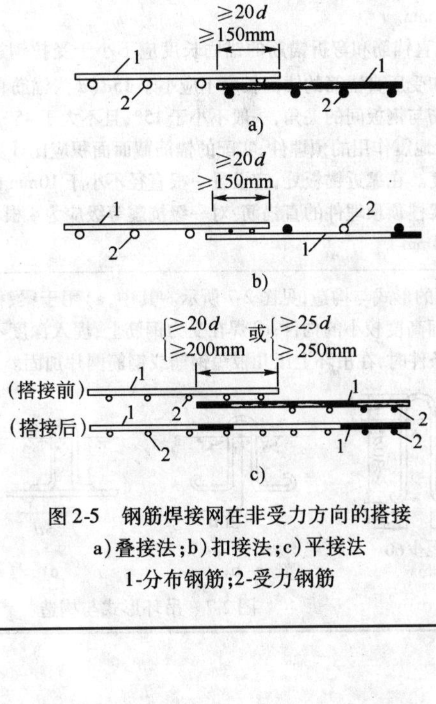

图2-5 钢筋焊接网在非受力方向的搭接
a)叠接法;b)扣接法;c)平接法
1-分布钢筋;2-受力钢筋
</td></tr>
</table>

2-2-2 预埋件及吊环构造

预埋件及吊环构造，见表2-4。

预埋件及吊环构造 表2-4

项 目	说 明
预埋件	预埋件由锚板和直锚筋或锚板、直锚筋和弯折锚筋组成，见图2-6。 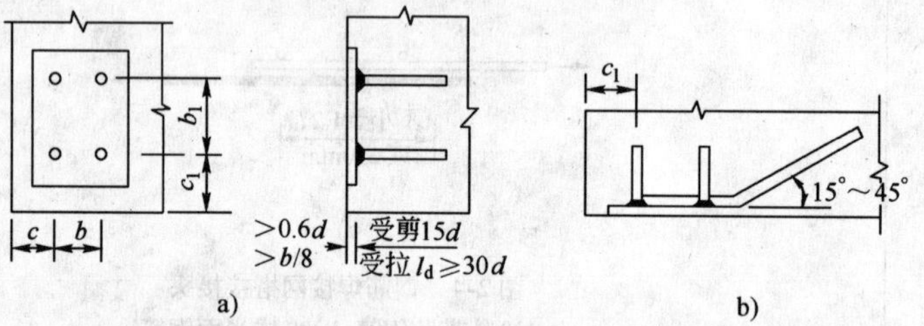 图2-6 预埋件的形式与构造 a)由锚板和直锚筋组成；b)由锚板、直锚筋和弯折锚筋组成 (1)受力预埋件的锚筋应采用热轧钢筋，严禁采用冷加工钢筋。 (2)预埋件的受力直锚筋不宜少于4根，且不宜多于4层；其直径不宜小于8mm，且不宜大于25mm。受剪预埋件的直锚筋可采用2根。 预埋件的锚筋应位于构件的外层主筋内侧。 (3)受力预埋件的锚板宜采用Q235级钢板。锚板厚度宜大于锚筋直径的0.6倍，受拉和受弯预埋件的锚板厚度尚宜大于$b/8$(b为锚筋间距)。 对受拉和受弯预埋件，其锚筋的间距b、b_1和锚板至构件边缘的距离c、c_1，均不应小于$3d$和45mm。 (4)受拉直锚筋和弯折锚筋的锚固长度应不小于受拉钢筋锚固长度l_a，且不应小于$30d$；受剪和受压直锚筋的锚固长度不应小于$15d$(d为锚筋直径)。 弯折锚筋与钢板间的夹角，一般不小于15°，且不大于45°。 (5)考虑地震作用的预埋件，实配的锚筋截面面积应比计算值增大25%，且应相应调整锚板厚度。在靠近锚板处，宜设置一根直径不小于10mm的封闭箍筋。 铰接排架柱顶预埋件的直锚筋：对一级抗震等级应为4根ϕ16mm，对二级抗震等级应为4根ϕ14mm
吊环	(1)吊环的形式与构造，见图2-7所示。其中，a)用于梁、柱等截面高度较大的构件；b)用于截面高度较小的构件；c)焊在受力钢筋上，埋入深度不受限制；d)用于构件较薄且无焊接条件时，在吊环上压几根短钢筋或钢筋网片加固。 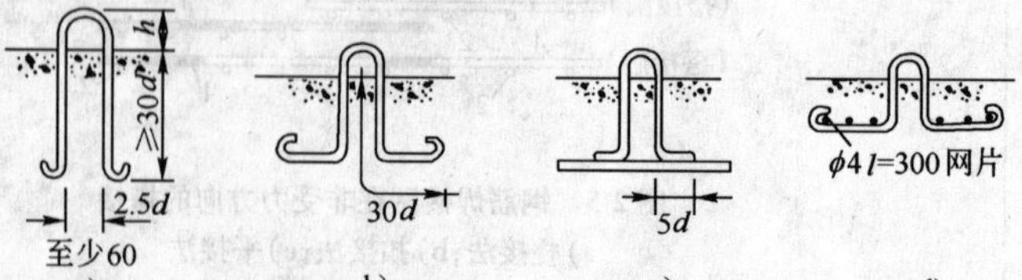 图2-7 吊环形式与构造

<table>
<tr><th>项 目</th><th>说 明</th></tr>
<tr><td>吊
环</td><td>吊环的弯心直径为2.5d(d为吊环钢筋直径),且不得小于60mm。
吊环的埋入深度不应小于30d,并与主筋钩牢。埋深不够时,可焊在受力钢筋上。
吊环露出混凝土的高度,应满足穿卡环的要求;但也不宜太长,以免出现反复弯折。其值可参考表2-1-1的数值选用。
(2)吊环的设计计算,应满足下列要求:
①吊环应采用HPB235级钢筋制作,严禁使用冷加工钢筋。
②在构件自重标准值作用下,每个吊环按2个截面计算的吊环应力不大于50MPa(已考虑超载系数、吸附系数、动力系数、钢筋弯折引起的应力集中系数、钢筋角度影响系数等)。
③构件上设有四个吊环时,设计时仅取三个吊环进行计算。
吊环的应力计算公式:
$$\sigma = \frac{9800G}{n \cdot A_s} \qquad (2\text{-}2)$$
式中:A_s——一个吊环的钢筋截面面积(mm^2);
G——构件质量(t);
σ——吊环的拉应力(MPa);
n——吊环截面个数;2个吊环时为4,4个吊环时为6。
根据上式算出吊环直径与构件重量的关系,列于表2-4-1。

吊环选用表 表2-4-1

<table>
<tr><th rowspan="2">吊环直径
(mm)</th><th colspan="2">构件质量(t)</th><th rowspan="2">吊环露出混凝土的
高度h(mm)</th></tr>
<tr><th>二个吊环</th><th>四个吊环</th></tr>
<tr><td>6</td><td>0.58</td><td>0.87</td><td>50</td></tr>
<tr><td>8</td><td>1.02</td><td>1.53</td><td>50</td></tr>
<tr><td>10</td><td>1.60</td><td>2.41</td><td>50</td></tr>
<tr><td>12</td><td>2.31</td><td>3.46</td><td>60</td></tr>
<tr><td>14</td><td>3.14</td><td>4.71</td><td>60</td></tr>
<tr><td>16</td><td>4.10</td><td>6.15</td><td>70</td></tr>
<tr><td>18</td><td>5.19</td><td>7.80</td><td>70</td></tr>
<tr><td>20</td><td>6.41</td><td>9.61</td><td>80</td></tr>
<tr><td>22</td><td>7.76</td><td>11.63</td><td>90</td></tr>
<tr><td>25</td><td>10.02</td><td>15.03</td><td>100</td></tr>
<tr><td>28</td><td>12.56</td><td>18.84</td><td>110</td></tr>
</table>
</td></tr>
</table>

3　钢筋配料和代换

3-1　钢 筋 配 料

1. 钢筋配料是根据构件配筋图，先绘出各种形状和规格的单根钢筋简图并加以编号，然后分别计算钢筋下料长度和根数，填写配料单，申请加工。钢筋下料长度计算见表 3-1。

钢筋下料长度计算　　表 3-1

<table>
<tr><th>项　目</th><th>说　明</th></tr>
<tr><td>下料长度基本计算</td><td>钢筋因弯曲或弯钩会使其长度变化，在配料中不能直接根据图纸中尺寸下料；必须了解混凝土保护层、钢筋弯曲、弯钩等规定，再根据图中尺寸计算其下料长度。各种钢筋下料长度计算如下：
直钢筋下料长度 = 构件长度 - 保护层厚度 + 弯钩增加长度
弯起钢筋下料长度 = 直段长度 + 斜段长度 - 弯曲调整值 + 弯钩增加长度
箍筋下料长度 = 箍筋周长 + 箍筋调整值
上述钢筋需要搭接的话，还应增加钢筋搭接长度</td></tr>
<tr><td>钢筋弯曲调整值</td><td>钢筋的量度方法是沿直线量外包尺寸（图 3-1）；因此，弯起钢筋的量度尺寸大于下料尺寸，两者之间的差值称为弯曲调整值。弯曲调整值，见表 3-1-1。
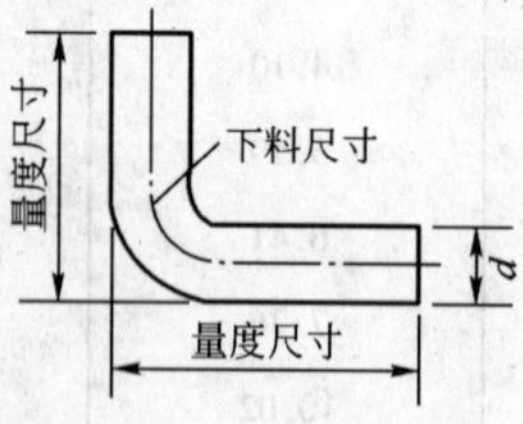

图 3-1　钢筋弯曲时的量度方法

钢筋弯曲调整值　　表 3-1-1
<table><tr><td>钢筋弯曲角度</td><td>30°</td><td>45°</td><td>60°</td><td>90°</td><td>135°</td></tr><tr><td>钢筋弯曲调整值</td><td>0.35d</td><td>0.5d</td><td>0.85d</td><td>2d</td><td>2.5d</td></tr><tr><td colspan="6">注：d 为钢筋直径。</td></tr></table></td></tr>
</table>

项 目	说 明
弯钩增长的长度	钢筋的弯钩形式有三种：半圆弯钩、直弯钩及斜弯钩(图3-2)。

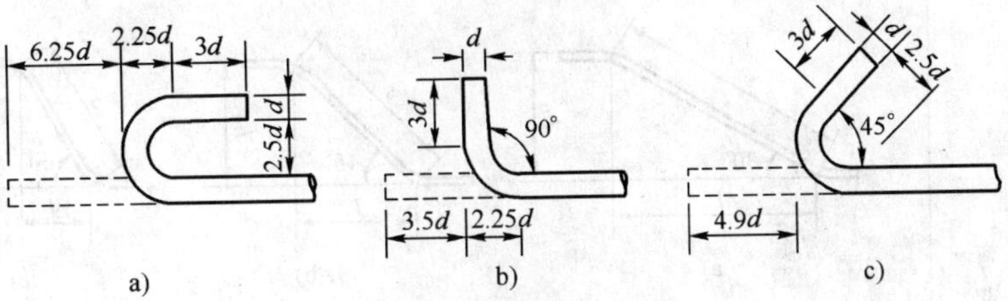

图3-2 钢筋弯钩计算简图
a)半圆弯钩；b)直弯钩；c)斜弯钩

在生产实践中，由于实际弯心直径与理论弯心直径有时不一致，钢筋粗细和机具条件不同等因素影响了平直部分的长短(手工弯钩时平直部分可适当加长，机械弯钩时可适当缩短)，因此在实际配料计算时，对弯钩增加长度常根据具体条件，采用经验数据，见表3-1-2。

半圆弯钩增加长度参考表(用机械弯钩) 表3-1-2

钢筋直径(mm)	≤6	8~10	12~18	20~28	32~36
一个弯钩长度(mm)	40	6d	5.5d	5d	4.5d

箍筋调整值

箍筋调整值，即为弯钩增加长度和弯曲调整值两项之差或和，根据箍筋量外包尺寸或量内皮尺寸确定，见表3-1-3。

箍 筋 调 整 值 表3-1-3

图 示	箍筋量度方法	箍筋直径(mm)			
		4~5	6	8	10~12
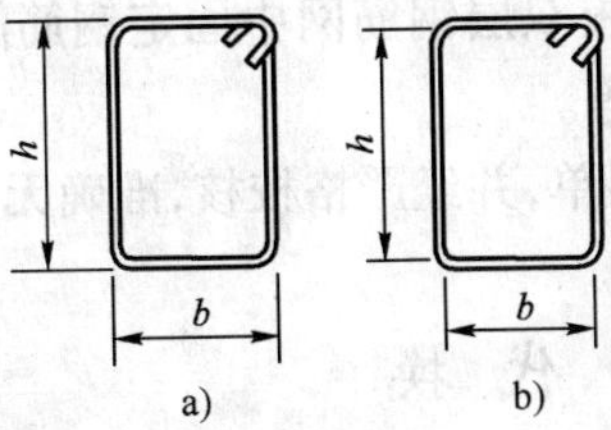 a) b) 箍筋量度方法 a)量外包尺寸；b)量内皮尺寸	量外包尺寸	40	50	60	70
	量内皮尺寸	80	100	120	150~170

续上表

项 目	说 明
弯起钢筋斜长	弯起钢筋斜长计算简图，见图3-3。弯起钢筋斜长系数见表3-1-4。

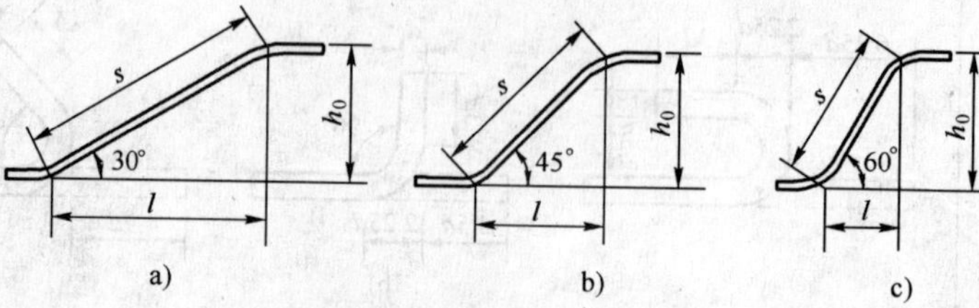

图3-3 弯起钢筋斜长计算简图

a）弯起角度30°；b）弯起角度45°；c）弯起角度60°

弯起钢筋斜长系数 表3-1-4

弯起角度	$\alpha=30°$	$\alpha=45°$	$\alpha=60°$
斜边长度 s	$2h_0$	$1.41h_0$	$1.15h_0$
底边长度 l	$1.732h_0$	h_0	$0.575h_0$
增加长度 $s-l$	$0.268h_0$	$0.41h_0$	$0.575h_0$

注：h_0 为弯起高度。

2. 配料计算注意的问题：

（1）在设计图纸中，钢筋配置的细节问题没有注明时，一般可按构造要求处理。对外形复杂的构件，应用放1:1足尺或放大样的办法用尺量得钢筋长度。

（2）配料计算时，要考虑钢筋的形状和尺寸在满足设计要求的前提下要有利于加工、运输和安装。

（3）配料时，还要考虑施工需要的附加钢筋。例如，基础双层钢筋网中保证上层钢筋网位置用的钢筋撑脚，墙板双层钢筋网中固定钢筋间距用的钢筋撑铁，柱钢筋骨架增加四面斜筋撑等。

（4）钢筋配料计算完毕，应填写配料单，并经严格校核，准确无误。

3-2 钢 筋 代 换

当钢筋的品种、级别或规格需作变更时，应办理设计变更文件，见表3-2。

钢 筋 代 换 表 3-2

项 目	说 明
代换原则	当施工中遇有钢筋的品种或规格与设计要求不符时，可参照以下原则进行钢筋代换： (1) 等强度代换：当构件受强度控制时，钢筋可按强度相等原则进行代换。 (2) 等面积代换：当构件按最小配筋率配筋时，钢筋可按面积相等原则进行代换。 (3) 当构件受裂缝宽度或挠度控制时，代换后应进行裂缝宽度或挠度验算

等强代换计算

等强代换计算公式如下：

$$n_2 \geqslant \frac{n_1 d_1^2 f_{y1}}{d_2^2 f_{y2}} \tag{3-1}$$

式中：n_2——代换钢筋根数；

n_1——原设计钢筋根数；

d_2——代换钢筋直径；

d_1——原设计钢筋直径；

f_{y2}——代换钢筋抗拉强度设计值（表 3-2-1）；

f_{y1}——原设计钢筋抗拉强度设计值。

上式有两种特例：

(1) 设计强度相同、直径不同的钢筋代换：

$$n_2 \geqslant n_1 \frac{d_1^2}{d_2^2} \tag{3-2}$$

(2) 直径相同、强度设计值不同的钢筋代换：

$$n_2 \geqslant n_1 \frac{f_{y1}}{f_{y2}} \tag{3-3}$$

钢筋强度设计值（MPa） 表 3-2-1

项次	钢筋种类		符号	抗拉强度设计值 f_y	抗压强度设计值 f'_y
1	热轧钢筋	HPB 235	ϕ	210	210
		HRB 335	Φ	300	300
		HRB 400	Φ	360	360
		RRB 400	Φ^R	360	360
2	冷轧带肋钢筋	LL 550		360	360
		LL 650		430	380
		LL 800		530	380

续上表

项 目	说 明
注意事项	钢筋代换时，必须充分了解设计意图和代换材料性能，并严格遵守现行混凝土结构设计规范的各项规定；凡重要结构中的钢筋代换，应征得设计单位同意。 (1)不同种类钢筋的代换应按钢筋受拉承载力设计值相等的原则进行。 (2)对某些重要构件，如吊车梁、薄腹梁、桁架下弦等，不宜用 HPB235 级光圆钢筋代替 HRB335 和 HRB400 级带肋钢筋。 (3)钢筋代换后，应满足配筋构造规定，如钢筋的最小直径、间距、根数、锚固长度等。 (4)同一截面内，可同时配有不同种类和直径的代换钢筋，但每根钢筋的拉力差不应过大（如同品种钢筋的直径差值一般不大于 5mm），以免构件受力不匀。 (5)梁的纵向受力钢筋与弯起钢筋应分别代换，以保证正截面与斜截面强度。 (6)偏心受压构件（如框架柱、有吊车厂房柱、桁架上弦等）或偏心受拉构件作钢筋代换时，不得取整个截面配筋量计算，应按受力面（受压或受拉）分别代换。 (7)当构件受裂缝宽度控制时，如以小直径钢筋代换大直径钢筋，强度等级低的钢筋代替强度等级高的钢筋，则可不作裂缝宽度验算。 (8)对有抗震要求的框架，不宜以强度等级较高的钢筋代替原设计中的钢筋；当必须代换时，其代换的钢筋检验所得的实际强度应符合设计要求。 (9)预制构件的吊环，必须用未经冷拉的 HPB235 级热轧钢筋制作，严禁以其他钢筋代换

4 钢筋冷加工

4-1 钢 筋 冷 拉

4-1-1 原理与应用

钢筋冷拉的原理与应用,见表4-1。

钢筋冷拉原理与应用　　　　表4-1

项 目	说 明
原理	(1)钢筋冷拉是利用冷拉装置,将热轧钢筋在常温下强力拉伸至超过屈服点,并小于抗拉强度的某一应力,然后放松,由于钢筋的冷硬“强化作用”及塑性变形的产生,使屈服点提高(一般提高25%~30%),流幅缩短,伸长率降低,抗拉强度相应稍有提高,抗压强度不变。 (2)钢筋经冷拉后HPB 235级钢筋被拉长8%左右;HRB 335级、HRB 400级钢筋拉长3%~5%;强度提高,因此,可大量节约钢材,同时使开盘、除锈、调直、冷拉合成一道工序,简化施工工艺,设备简单,操作容易,应用较为广泛
应用	冷拉HPB 235级钢筋适用于钢筋混凝土结构中的受拉钢筋;冷拉HRB 335级、HRB 400级钢筋适用预应力混凝土结构构件中的预应力筋

4-1-2 机具设备

1. 卷扬机式钢筋冷拉设备

卷扬机式钢筋冷拉设备,见表4-2。

卷扬机式钢筋冷拉设备　　　　表4-2

项 目	说 明
卷扬机式钢筋冷拉设置种类	常用卷扬机式钢筋冷拉设置种类见图4-1,其中图a)冷拉滑轮组回程采用荷重架,标尺测伸长;图b)冷拉滑轮组回程采用另一组滑轮组,弹簧测力器测力;图c)采用单压柱式台座,回程滑轮组的门数小于冷拉滑轮组(用一台卷扬机牵引),电子秤测力;图d)采用双压柱式台座,回程滑轮组与冷拉滑轮组相同,液压千斤顶测力。第一、二种设备简单,宜用于施工现场或构件厂冷拉细钢筋和中粗钢筋,后两种宜用于构件厂冷拉粗钢筋。 以上四种方案除图a)采用冷拉率控制外,其余均可采用冷拉应力控制。

续上表

项　目	说　　明
卷扬机或钢筋冷拉设置种类	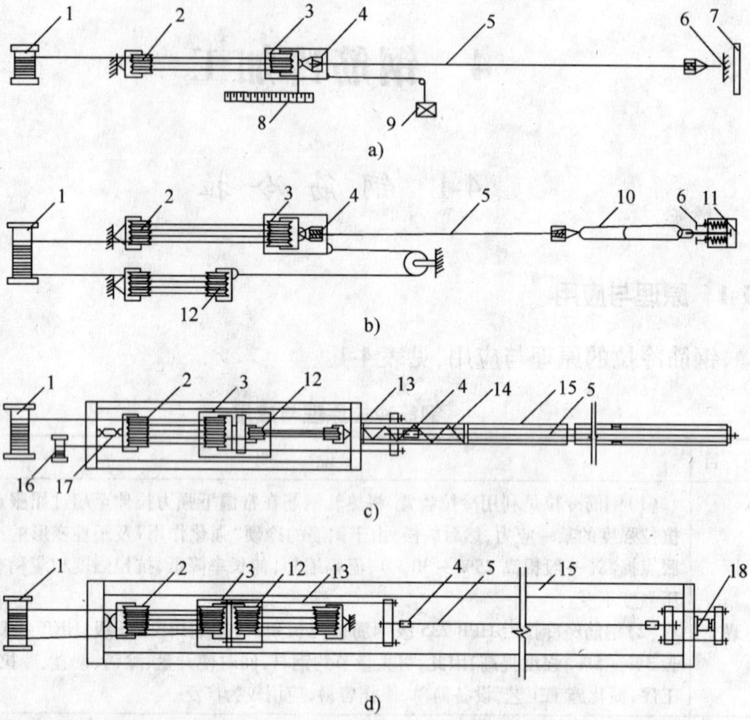 图 4-1　用卷扬机冷拉钢筋设备布置方案 1-卷扬机;2-滑轮组;3-冷拉小车;4-钢筋夹具;5-钢筋;6-地锚;7-防护壁;8-标尺;9-回程荷重架;10-连接杆;11-弹簧测力器;12-回程滑轮组;13-传力架;14-钢压柱;15-槽式台座;16-回程卷扬机;17-电子秤;18-液压千斤顶
卷扬机	卷扬机型号及性能,见表 4-2-1。

卷扬机式钢筋冷拉机主要技术性能　　表 4-2-1

项　　目	粗钢筋冷拉	细钢筋冷拉
卷扬机型号规格	JJM—5(50kN 慢速)	JJM—3(30kN 慢速)
滑轮直径及门数	计算确定	计算确定
钢丝绳直径(mm)	24	15.5
卷扬机速度(m/min)	小于 10	小于 10
测力器形式	千斤顶式测力器	千斤顶式测力器
冷拉钢筋直径(mm)	12 ~ 36	6 ~ 12

续上表

项目	说明
滑轮组	(1)冷拉滑轮组的门数和吨位，一般采用3~8门、150~500kN(拉直HPB235级细钢筋用的门数与吨位可适当减少)。 (2)回程滑轮组的门数和吨位：当采用另一台卷扬机牵引时，一般采用2~3门、30~50kN；当采用同一台卷扬机卷筒以正反转原理工作时，其门数应与冷拉滑轮组相同
钢筋夹具	钢筋冷拉夹具，目前常用的有：楔块式夹具、月牙式夹具、偏心式夹具及槽式夹具等。 (1)楔块式夹具的构造与尺寸，见图4-2。这种夹具的夹紧力强，使用方便，HPB235~HRB500级粗细钢筋都适用，是目前采用最广的一种。 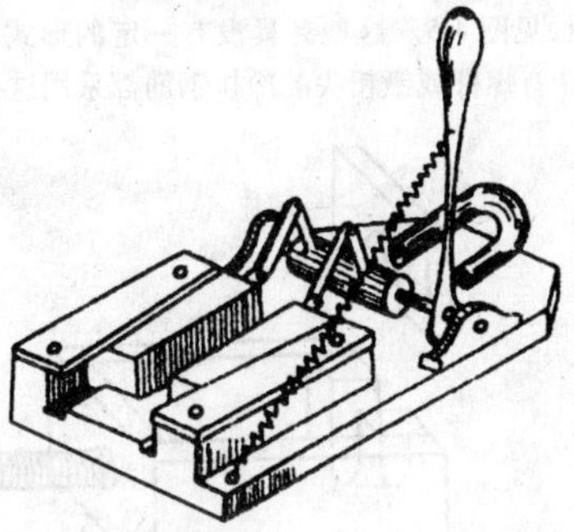 图4-2　楔块式夹具 (2)月牙式夹具的构造与尺寸，见图4-3。这种夹具主要靠杠杆力和偏心力夹紧，使用方便，HPB235~HRB400级粗细钢筋都适用。 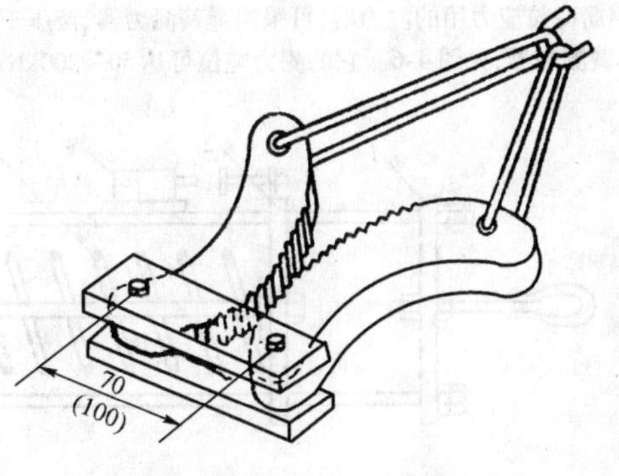 图4-3　月牙形夹具 (3)偏心式夹具的构造与尺寸，见图4-4。这种夹具轻巧灵活，适合HPB235级盘圆钢筋冷拉，特别是当每盘最后不足定尺长度时，可将其钩在挂链上，使用方便。

续上表

项 目	说 明
钢筋夹具	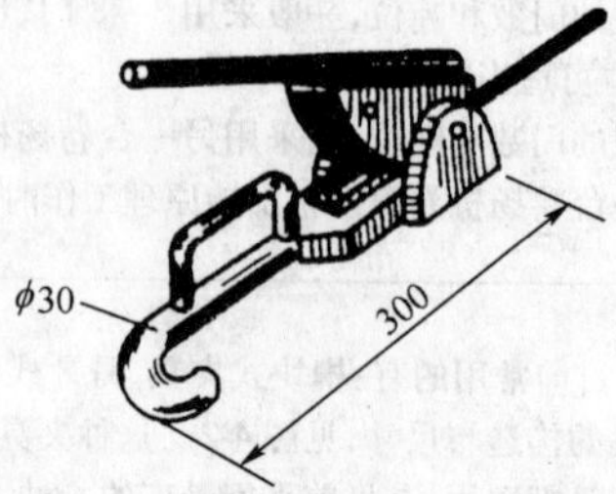 图 4-4　偏心块夹具 (4)槽式夹具,见图 4-5。这种夹具没有一定的形式与规格,各单位根据实际情况自行确定。凡两端有螺杆或镦粗头的冷拉钢筋都采用这类夹具。 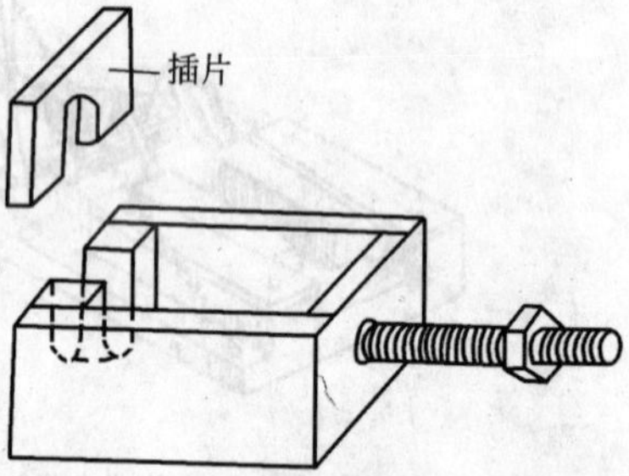 图 4-5　槽式夹具
测力器	控制钢筋冷拉应力用的测力器,可采用弹簧测力器、液压千斤顶和电子秤等。 (1)弹簧测力器,见图 4-6。它的测力吨位可达 50 ~ 200kN。 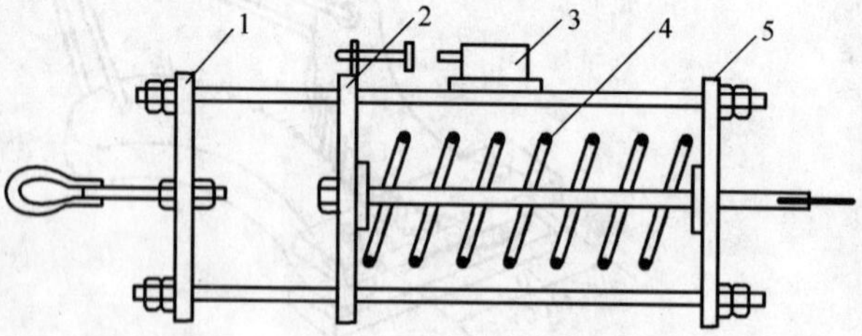 图 4-6　弹簧测力器 1-端板;2-滑动板;3-限位开关;4-弹簧;5-后挡板 (2)液压千斤顶,可采用 300、500 及 1000kN,并装有压力表。钢筋冷拉力系通过传力架的横梁传给千斤顶,如图 4-7 所示。

续上表

<table>
<tr><th>项 目</th><th>说 明</th></tr>
<tr><td>测力器</td><td>
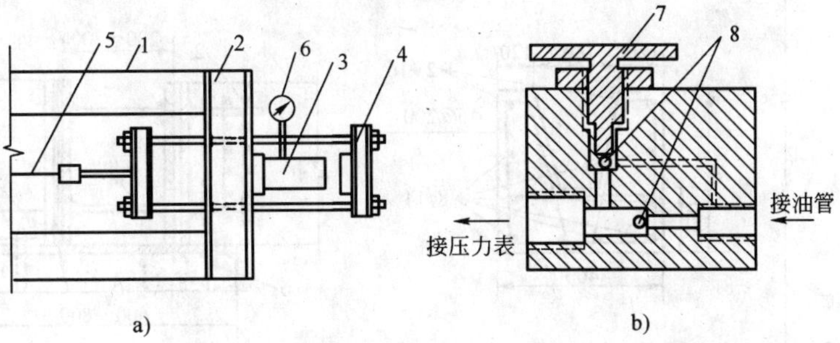

图 4-7 用液压千斤顶控制应力
a)液压千斤顶装设方法(平面);b)稳压连接器
1-台座;2-横梁;3-千斤顶;4-传力架;5-钢筋;6-压力表;7-开关;8-球阀

(3)电子秤由传感器和示力仪组成(图 4-8)。电子秤型号可选用 DCZ—1/01,测力吨位可选用 500、700 和 1000kN;传感器可选用 BLR—1 型拉压式。

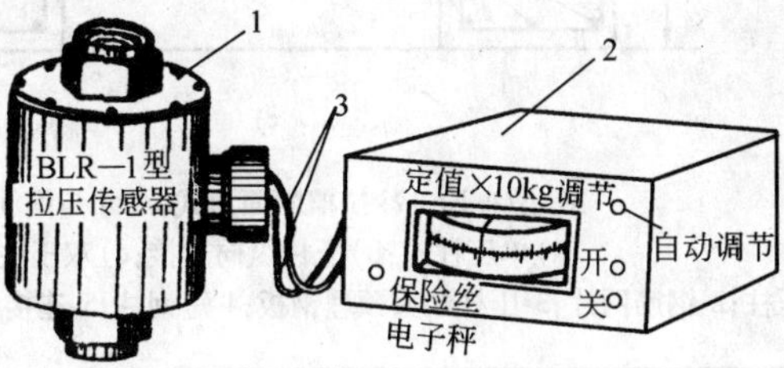

图 4-8 电子秤
1-传感器;2-示力仪;3-导线

为了防止钢筋拉断时传感器受冲击,需要装设缓冲装置(图 4-9)。

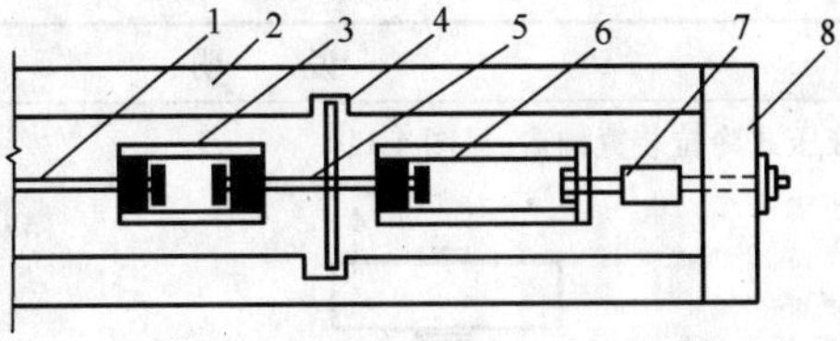

图 4-9 电子秤装在台座尾部的缓冲装置(平面)
1-钢筋;2-台座侧壁;3-连接器;4-缓冲挡板;5-连接杆;6-缓冲用的滑槽连接器;7-电子秤传感器;8-台座横梁
</td></tr>
</table>

续上表

项　目	说　　明
槽式台座	钢筋冷拉用的槽式台座，宜采用压柱式。槽式台座的截面形式、尺寸与配筋，见图4-10。 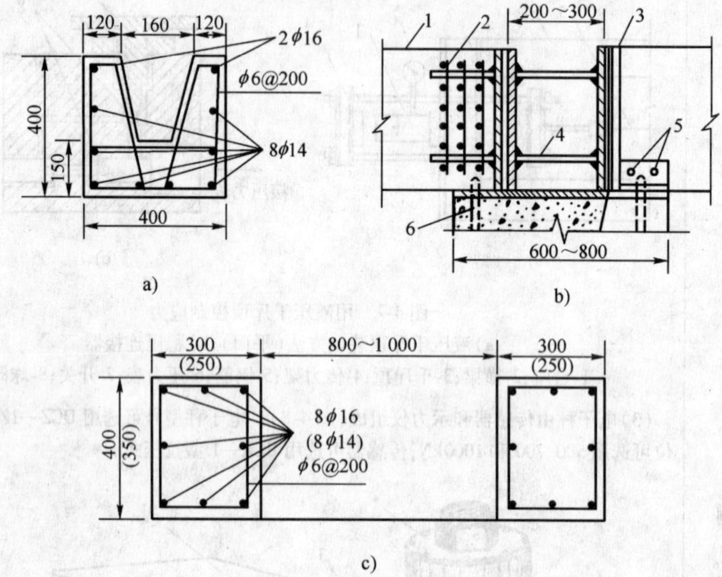 图4-10　冷拉槽断面形式、尺寸与配筋 a)单压柱式；b)压柱纵向连接；c)双压柱式 1-压柱；2-钢筋网片；3-压柱端头预埋钢板；4-短钢柱；5-连接用角钢与螺栓；6-基础

2. 液压式钢筋冷拉设备

液压式钢筋冷拉设备，见表4-3。

液压式钢筋冷拉设备　　表4-3

项　目	说　　明
装置构造	常用液压式冷拉装置构造，见图4-11。 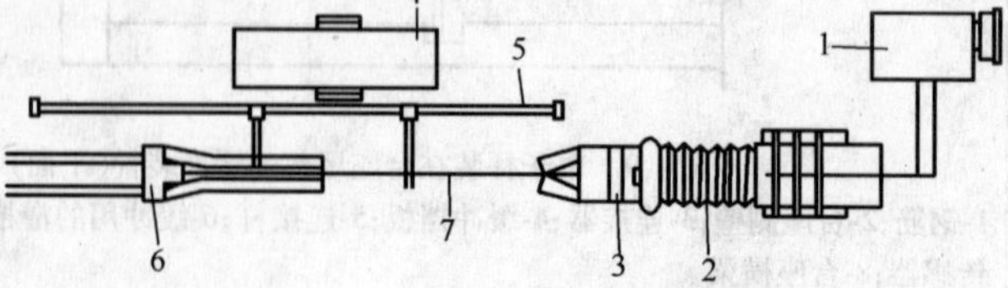 图4-11　液压式钢筋冷拉装置 1-泵阀控制器；2-液压冷拉机；3-前端夹具；4-装料小车；5-翻料架；6-后端夹具；7-冷拉钢筋

续上表

项目	说明			
主要技术性能	**液压式钢筋冷拉机主要技术性能** 表4-3-1			
	项目		单位	性能参数
	冷拉钢筋直径		mm	$\phi12 \sim \phi18$
	冷拉钢筋长度		mm	9 000
	最大拉力		kN	320
	液压缸直径		mm	220
	液压缸行程		mm	600
	液压缸截面积		cm^2	380
	冷拉速度		m/s	0.04～0.05
	回程速度		m/s	0.05
	工作压力		MPa	32
	台班产量		根/台班	700～720
	油箱容量		L	400
	总重		kg	1 250
	高压油泵	型号		ZBD40
		压力	MPa	21
		流量	L/min	40
		电动机型号		Y型6级
		电动机功率	kW	7.5
		电动机转速	r/min	960
	低压油泵	型号		GB—B50
		压力	MPa	2.5
		流量	L/min	50
		电动机型号		Y型4级
		电动机功率	kW	2.2
		电动机转速	r/min	1 430
适用范围	适用于短线台座，单根或成束、施工现场临时性冷拉使用，由于其自动化程度及生产效率较高，是近年发展的一种新冷拉方法			

4-1-3 钢筋冷拉工艺

1. 钢筋冷拉工艺，见表4-4。

钢 筋 冷 拉 工 艺

表 4-4

项 目	说 明

工艺流程

钢筋冷拉主要工艺流程如下：

钢筋上盘→开盘→切断→夹紧夹具→冷拉→观察控制值→停止冷拉→卸夹→捆扎、堆放→时效→使用

控制冷拉率方法

(1)采用控制冷拉率方法冷拉钢筋时，冷拉率必须由试验确定。测定同炉批钢筋冷拉率，其试样不应少于4个，并取其平均值作为该批钢筋实际采用的冷拉率。

(2)测定冷拉率时钢筋的冷拉应力应符合表4-4-1的规定。

测定冷拉率时钢筋的冷拉应力　　表 4-4-1

钢筋级别	钢筋直径 d(mm)	冷拉应力(MPa)
HPB 235	≤12	310
HRB 335	≤25	480
	28～40	460
HRB 400	8～40	530

注：当钢筋平均冷拉率低于1%时，仍应按1%进行冷拉。

(3)冷拉时钢筋的伸长值 Δl 可按下式计算：

$$\Delta l = \gamma \cdot L \tag{4-1}$$

式中：γ——钢筋的冷拉率(%)；

L——钢筋冷拉前的长度。

冷拉后，钢筋的实际伸长应扣除弹性回缩值，其数值由试验确定，一般为0.2%～0.5%。

(4)控制冷拉率法的优点是设备简单，并能做到等长或定长要求；但对材质不均匀或混炉批的钢筋，冷拉率波动大，不易保证冷拉应力，为此可采用逐根取样法。

逐根取样方法，就是在钢筋逐根取样试验后，将冷拉率相差在0.5%(HRB335级钢筋)以内的钢筋归类对焊，然后按类确定冷拉率进行冷拉。这样，对保证冷拉钢筋质量有明显效果，但试样耗钢量多且试验任务大。因此，逐根取样方法只宜在来料混杂、材质不匀而又无测力装置的条件下，对一些重要的预应力钢筋采用

控制应力方法

(1)采用控制应力方法冷拉钢筋时，其冷拉控制应力及最大冷拉率应符合表4-4-2的规定。

冷拉控制应力及最大冷拉率　　表 4-4-2

钢筋级别	钢筋直径 d(mm)	冷拉控制应力(MPa)	最大冷拉率(%)
HPB 235	≤12	280	10.0
HRB 335	≤25	450	5.5
	28～40	430	5.5
HRB 400	8～40	500	5.0

(2)冷拉时应检查钢筋的冷拉率，当超过表4-4-2的规定时，应进行力学性能检验。

(3)采用控制应力法时，其冷拉力 N 可按下式计算

$$N = \sigma_{cs} \cdot A_s \tag{4-2}$$

式中：σ_{cs}——钢筋冷拉的控制应力(MPa)；

A_s——钢筋冷拉前的截面面积(mm^2)。

续上表

项目	说明
冷拉注意事项	(1)对钢筋的炉号、原材料的质量进行检查,不同炉号的钢筋应分别进行冷拉,不得混杂。 (2)冷拉前,应对设备和各项冷拉参数,特别是测力计进行校验和复核,并做好记录,以确保冷拉质量。 (3)钢筋应先拉直(约为冷拉应力的10%),然后量其长度再行冷拉。 (4)钢筋冷拉速度不宜过快或过慢,过快回缩大,且易拉断;过慢则影响生产率。一般小冷拉(直径6~12mm盘圆钢筋)控制为6~8m/min;大冷拉(直径12mm钢筋)控制为0.7~1.5m/min。冷拉速度也可用应力控制,以5MPa/s左右为宜。待拉到规定的控制应力(或冷拉率)后,须稍停2~3min,然后再放松,以免弹性回缩值过大。 (5)钢筋伸长的起点应以钢筋发生初应力时为准。如无仪表观测时,可观测钢筋表面的浮锈或氧化皮,以开始剥落时起算。 (6)预应力钢筋应先对焊后冷拉,以免后焊因高温而使冷拉后的强度降低。如焊接接头被拉断,可切除该焊区总长约200~300mm,重新焊接后再冷拉,但一般不超过两次。 (7)冷拉线两端必须装置防护设施。冷拉时严禁在冷拉线两端站人,或跨越、触动正在冷拉的钢筋。 (8)钢筋冷拉后,宜放置一段时间(7~15d)后使用

2. 冷拉钢筋的力学性能,见表4-5。

冷拉钢筋的力学性能 表4-5

钢筋级别	钢筋直径 d(mm)	屈服点(MPa)	抗拉强度(MPa)	伸长率(%)	冷弯	
		不小于			弯曲角度	弯曲直径
HPB 235	≤12	280	370	11	180°	3d
HRB 335	≤25 28~40	450 430	510 490	10 10	90° 90°	3d 4d
HRB 400	8~40	500	570	8	90°	5d

注:计算屈服点和抗拉强度,应采用冷拉前的截面面积。

4-2 钢筋冷轧扭

4-2-1 钢筋冷轧扭的原理、特点及应用

钢筋冷轧扭的原理、特点及应用,见表4-6。

钢筋冷轧扭的原理、特点及应用　　表 4-6

项目	说明
原理	(1)钢筋冷轧扭是用低碳钢热轧圆盘条，通过专用钢筋冷轧扭机，在常温下调直、冷轧并冷扭一次轧制成型，并具有规定截面形状和节距的连续螺旋状钢筋。 (2)冷轧扭钢筋按其截面形状分为矩形截面（Ⅰ型）和菱形截面（Ⅱ型）两种类型。其轧扁厚度、节距、公称截面面积和理论质量及力学性能分别见图 1-3 和表 1-3-1、表 1-3-2
特点	(1)由于冷轧扭钢筋具有连续不断的螺旋曲面，使钢筋与混凝土间产生较强的机械咬合力和法向应力，提高了二者的黏结力。当构件承受荷载时，钢筋与混凝土互相作用，可增加共同工作的能力，改善构件弹塑性阶段性能，提高构件的强度和刚度，使钢筋强度得到充分发挥。 (2)冷轧扭钢筋加工工艺简单，设备可靠，集冷拉、冷轧、冷扭于一身，能大幅度提高钢筋的强度和其与混凝土之间的握裹力。使用时，末端不需弯钩。冷轧扭钢筋的设计强度为 460MPa，为 HPB 235 级钢筋的 1.92 倍，用它代替 HPB 235 钢筋，可节约钢材 42.6%，扣除其他因素，可节约 35% 左右，如按等规格代用，亦可节约 20% 以上，具有明显的技术经济效果。冷轧扭钢筋混凝土构件的生产不需要预加应力，因此投资少，适于中、小型构件生产
应用	适于做圆孔板（最大跨度 4.5m、厚 120、180mm）、双向叠合楼板（最大跨度 6m × 5.4m）以及现浇大楼板（最大跨度 5.1m、厚 110 ~ 130mm）、圈梁等

4-2-2　钢筋冷轧扭的机具、加工工艺及质量控制

钢筋冷轧扭的机具、加工工艺及质量控制，见表 4-7。

钢筋冷轧扭的机具、加工工艺及质量控制　　表 4-7

<table>
<tr><th>项目</th><th>说明</th></tr>
<tr><td>机具</td><td>加工设备主要采用 GQZ 10A 型钢筋冷轧扭机，由放盘架、调直箱、轧机、扭转装置、切断机、落料架、冷却系统及控制系统等组成，其技术性能如表 4-7-1；其加工工艺平面布置见图 4-12。
钢筋冷轧扭机技术性能　　表 4-7-1
<table>
<tr><th>加工钢筋范围（mm）</th><th>轧扁厚度及螺距值</th><th>钢筋切断长度（m）</th><th>冷轧扭线速度（m/min）</th><th>轧制电机型号及功率（kW）</th><th>切断机型号及功率（kW）</th><th>冷却电泵型号及功率（kW）</th><th>外形尺寸（m）</th><th>总重量（t）</th></tr>
<tr><td>φ6.5 ~ φ10</td><td>连续可调，可满足不同钢筋规格工艺要求</td><td>0.5 ~ 6.5</td><td>24</td><td>Y180M—4 18.5</td><td>Y1325—6 3.0</td><td>JCB—22 2.0</td><td>13.0 × 2.4 × 13</td><td>3.0</td></tr>
<tr><td colspan="9">注：台班产量：ϕ^{t}6.5 为 2t；ϕ^{t}8.3 为 3t；ϕ^{t}10 为 4.3t。</td></tr>
</table></td></tr>
</table>

续上表

<table>
<tr><th>项 目</th><th>说 明</th></tr>
<tr><td>机具</td><td>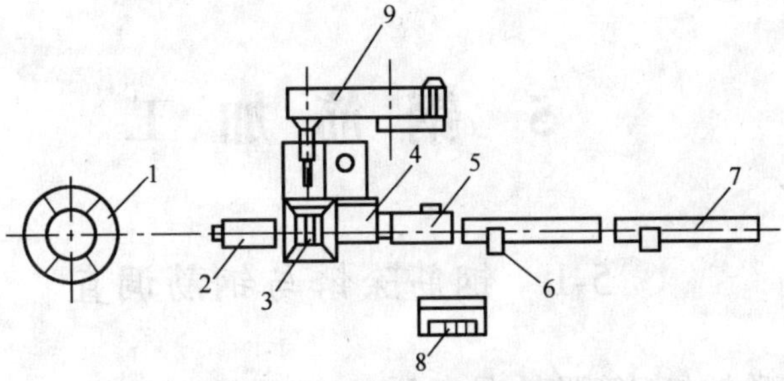
图 4-12 钢筋冷轧扭机工艺平面
1-放盘架;2-调直箱;3-轧机;4-扭转装置;5-切断机;6-落料架;
7-冷却系统;8-控制系统;9-传动系统</td></tr>
<tr><td>加工工艺</td><td>加工工艺程序为:圆盘钢筋从放盘架上引出后,经调直箱调直并清除氧化铁皮,再经轧机将圆钢筋轧扁;在轧辊推动下,强迫钢筋通过扭转装置,从而形成表面为连续螺旋曲面的麻花状钢筋,再穿过切断机的圆切刀刀孔进入落料架的料槽,当钢筋触到定位开关后,切断机将钢筋切断落到落料架上。钢筋长度的控制可调整定位开关在落料架上的位置获得。钢筋调直、扭转及输送的动力均来自轧辊在轧制钢筋时产生的摩擦力</td></tr>
<tr><td>质量控制</td><td>(1)原材料必须经过检验,应符合《低碳钢热轧圆盘条》(GB/T 701)的规定。
(2)轧扁厚度对钢筋力学性能影响很大,应控制在允许范围内,螺距亦应符合规定要求。
(3)冷轧扭钢筋定尺长度允许偏差:单根长度大于 8m 时为 ±15mm;单根长度不大于 8m 时为 ±10mm。
(4)冷轧扭钢筋表面不应有影响钢筋力学性能的裂纹、折叠、结疤、机械损伤或其他影响使用的缺陷。
(5)轧制品的检验应按现行标准《冷轧扭钢筋应用技术规程》的有关规定进行,严格检验成品,把好质量关。
(6)成品钢筋不宜露天堆放,以防止锈蚀;储存期不应过长,宜尽可能做到随轧制随使用</td></tr>
</table>

5 钢 筋 加 工

5-1 钢筋除锈与钢筋调直

钢筋除锈与钢筋调直,见表5-1。

钢筋除锈与钢筋调直 表5-1

项 目	说 明
钢筋除锈	(1)钢筋表面上的油渍、漆污和锤击能剥落的浮皮、铁锈应清除干净。带有颗粒状或片状老锈的钢筋不得使用。在焊接前,焊点处的水锈应清除干净。 (2)对大量的钢筋,可通过在钢筋冷拉或钢筋调直机调直过程中完成;少量的钢筋除锈可采用电动除锈机或喷砂方法;钢筋局部除锈可采取人工用钢丝刷或砂轮等方法进行。亦可将钢筋通过砂箱往返搓动除锈。 (3)电动除锈机多为自制,圆盘钢丝刷有成品供应(也可用废钢丝绳头折开编成),直径20~30cm,厚5~15cm,转速1 000r/min,电动机功率为1.0~1.5kW,上设排尘罩和排尘管道。电动除锈机见图5-1。 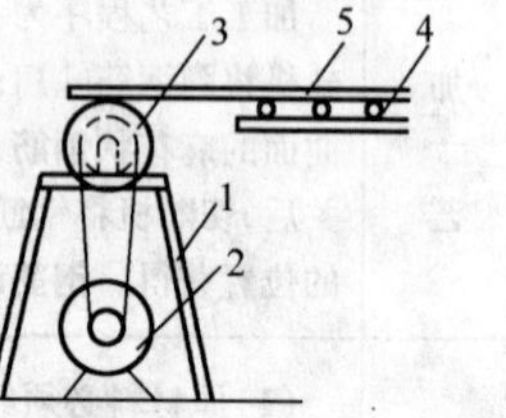 图5-1 电动除锈机 1-支架;2-电动机;3-圆盘钢丝刷;4-滚轴台;5-钢筋 (4)如除锈后钢筋表面有严重的麻坑、斑点等已伤蚀截面的情况发生时,应降级使用或剔除不用;带有蜂窝状锈迹的钢丝不得使用
钢筋调直	(1)对局部曲折、弯曲或成盘的钢筋应加以调直。 (2)钢筋调直普遍使用慢速卷扬机拉直(图5-2)和用调直机调直(图5-3),常用钢筋调直机型号及技术性能见表5-1-1和图5-4,在缺乏调直设备时,粗钢筋可采用弯曲机、平直锤或卡盘、扳手、锤击矫直;细钢筋可用绞磨拉直或用导轮、蛇形管调直装置来调直(图5-5)。 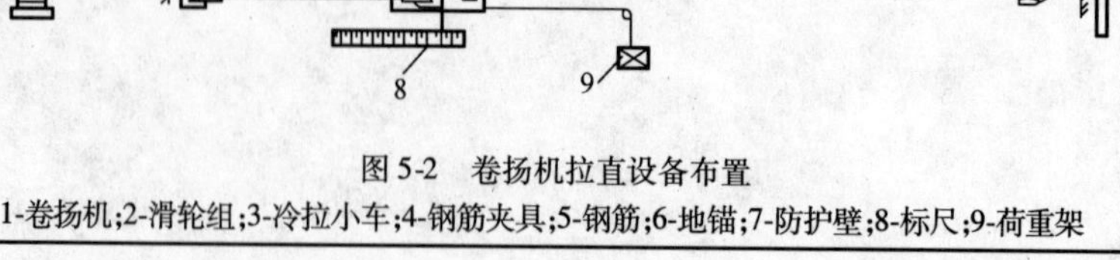 图5-2 卷扬机拉直设备布置 1-卷扬机;2-滑轮组;3-冷拉小车;4-钢筋夹具;5-钢筋;6-地锚;7-防护壁;8-标尺;9-荷重架

续上表

项　目	说　明
钢筋调直	（见下）

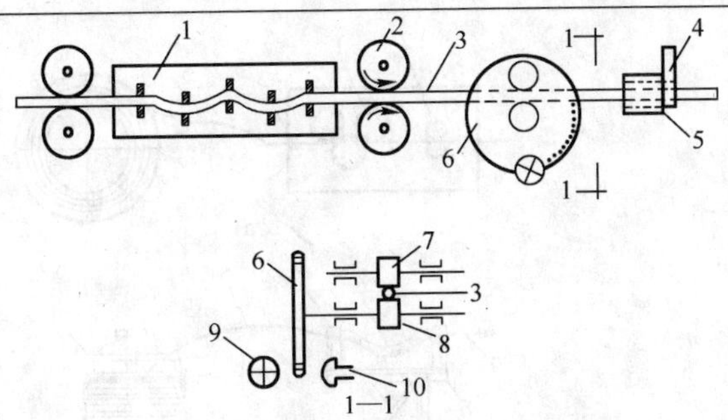

图 5-3　数控钢筋调直切断机工作简图

1-调直装置；2-牵引轮；3-钢筋；4-上刀口；5-下刀口；6-光电盘；7-压轮；8-摩擦轮；9-灯泡；10-光电管

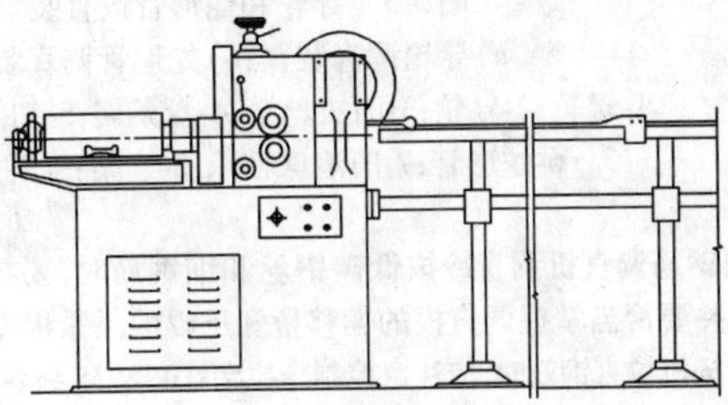

图 5-4　GT3/8 型钢筋调直机

钢筋调直切断机主要技术性能　　表 5-1-1

参数名称	型号			
	GT1.6/4	GT3/8	GT6/12	GTS3/8
调直切断钢筋直径(mm)	1.6～4	3～8	6～12	3～8
钢筋抗拉强度(MPa)	650	650	650	650
切断长度(mm)	300～3 000	300～6 500	300～6 500	300～6 500
切断长度误差(mm/m)	≤3	≤3	≤3	≤3
牵引速度(m/min)	40	40、65	36、54、72	30
调直筒转速(r/min)	2 900	2 900	2 800	1 430
送料、牵引辊直径(mm)	80	90	102	
电机型号：调直	Y100L—2	Y132M—4	Y132S—2	J02—31—4
牵引	Y100L—6		Y112M—4	
切断		Y90S—6	Y90S—4	J02—31—4
功率：调直(kW)	3	7.5	7.5	2.2
牵引(kW)	1.5		4	
切断(kW)		0.75	1.1	2.2
外形尺寸：长(mm)	3 410	1 854	1 770	
宽(mm)	730	741	535	
高(mm)	1 375	1 400	1 457	
整机质量(kg)	1 000	1 280	1 263	

项目	说明
钢筋调直	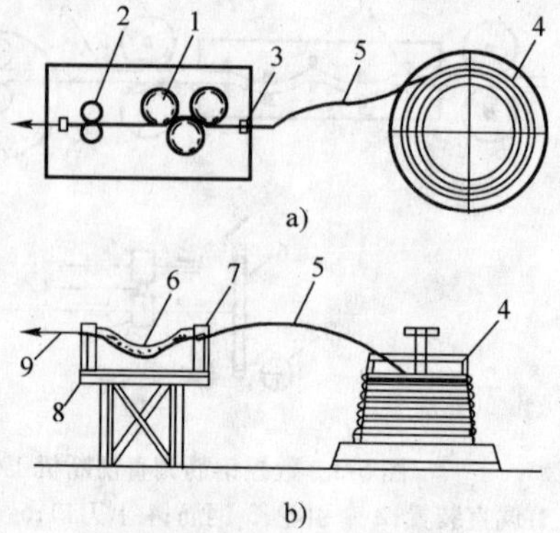 图 5-5　导轮和蛇形管调直装置 a）导轮调直装置；b）蛇形管调直装置 1-辊轮；2-导轮；3-旧拔丝模；4-盘条架；5-细钢筋或钢丝； 6-蛇形管；7-旧滚珠轴承；8-支架；9-人力牵引 （3）采用钢筋调直机调直冷拔低碳钢丝和细钢筋时，要根据钢筋的直径选用调直模和传送辊，并要恰当掌握调直模的偏移量和压辊的压紧程度。 （4）用卷扬机拉直钢筋时，应注意控制冷拉率：HPB 235 级钢筋不宜大于 4%；HRB 335、HRB 400 和 RRB 400 级钢筋及不准采用冷拉钢筋的结构，不宜大于 1%。用调直机调直钢丝和用锤击法平直粗钢筋时，表面伤痕不应使截面积减少 5% 以上。 （5）调直后的钢筋应平直，无局部曲折；冷拔低碳钢丝表面不得有明显擦伤。应当注意：冷拔低碳钢丝经调直机调直后，其抗拉强度一般要降低 10% ~15%，使用前要加强检查，按调直后的抗拉强度选用。 （6）已调直的钢筋应按级别、直径、长短、根数分扎成若干小扎，分区整齐地堆放

5-2　钢筋切断

钢筋成型前，应根据配料表要求长度截断，一般用钢筋切断机进行，详见表 5-2。

钢筋切断　　表 5-2

项目	说明
机具设置	切断机分机械式切断（图 5-6）和液压式切断（图 5-7）两种。前者为固定式，能切断 ϕ40 钢筋；后者为移动式，便于现场流动使用，能切断 ϕ32 以下钢筋，常用两种钢筋切断机的技术性能如表 5-2-1 和表 5-2-2 及表 5-1-1。在缺乏设备时，可用断丝钳（剪断钢丝）、克丝钳子（切断 ϕ6 ~32 钢筋）和手动液压切断器（切断不大于 ϕ16 钢筋）切断钢筋；对 ϕ40 以上钢筋可用氧乙炔焰割断。

续上表

项　目	说　明
机具设置	见下图及表 5-2-1

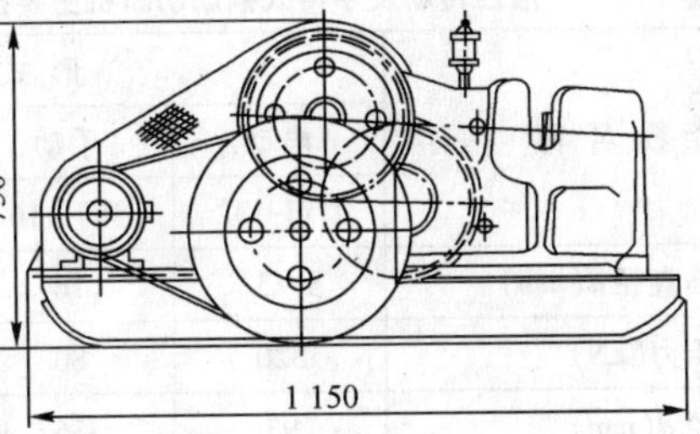

图 5-6　GQ40 型钢筋切断机

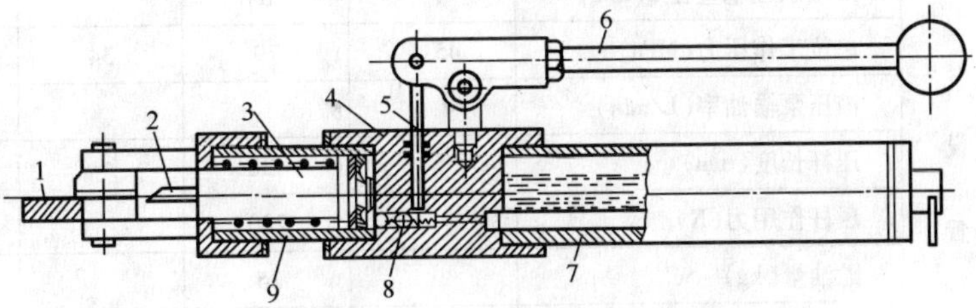

图 5-7　手动液压切断器

1-滑轨;2-刀片;3-活塞;4-缸体;5-柱塞;6-压杆;7-贮油筒;8-吸油阀;9-回位弹簧

机械式钢筋切断机主要技术性能　　表 5-2-1

参数名称		型号 GQL40	GQ40	GQ40A	GQ40B	GQ50
切断钢筋直径(mm)		6～40	6～40	6～40	6～40	6～50
切断次数(次/min)		38	40	40	40	30
电动机型号		Y100L2—4	Y100L—2	Y100L—2	Y100L—2	Y132S—4
功率(kW)		3	3	3	3	5.5
转速(r/min)		1 420	2 880	2 880	2 880	1 450
外形尺寸	长(mm)	685	1 150	1 395	1 200	1 600
	宽(mm)	575	430	556	490	695
	高(mm)	984	750	780	570	915
整机质量(kg)		650	600	720	450	950
传动原理及特点		偏心轴	开式、插销离合器曲柄	凸轮、滑键离合器	全封闭曲柄连杆转键离合器	曲柄连杆传动半开式

续上表

项目	说明

机具设置

液压传动及手持式钢筋切断机主要技术性能　　表5-2-2

参数名称		形式与型号			
		电动	手动	手持	
		DYJ—32	SYJ—16	CQ—12	GQ—20
切断钢筋直径 d(mm)		8~32	16	6~12	6~20
工作总压力(kN)		320	80	100	150
活塞直径 d(mm)		95	36		
最大行程(mm)		28	30		
液压泵柱塞直径 d(mm)		12	8		
单位工作压力(MPa)		45.5	79	34	34
液压泵输油率(L/min)		4.5			
压杆长度(mm)			438		
压杆作用力(N)			220		
贮油量(kg)			35		
电动机	型号	Y型		单相串激	单相串激
	功率(kW)	3		0.567	0.570
	转数(r/min)	1 440			
外形尺寸	长(mm)	889	680	367	420
	宽(mm)	396		110	218
	高(mm)	398		185	130
总重(kg)		145	6.5	7.5	14

切断工艺要点

(1)钢筋切断应合理统筹配料,将相同规格钢筋根据不同长短搭配,统筹排料;一般先断长料,后断短料,以减少短头、接头和损耗。避免用短尺量长料,以防止产生累积误差;应在工作台上标出尺寸刻度并设置控制断料尺寸用的挡板。切断过程中如发现劈裂、缩头或严重的弯头等必须切除。

(2)向切断机送料时,应将钢筋摆直,避免弯成弧形。操作者应将钢筋握紧,并应在冲切刀片向后退时送进钢筋;切断长300mm以上钢筋时,应将钢筋套在钢管内送料,防止发生人身或设备安全事故。

(3)操作中,如发现钢筋硬度异常,过硬或过软,即当与钢筋级别不相称时,应考虑对该批钢筋进一步检验;热处理预应力钢筋切料时,只允许用切断机或氧乙炔割断,不得用电弧切割。

(4)切断后的钢筋断口不得有马蹄形或起弯等现象;钢筋长度偏差应小于±10mm

5-3　钢筋弯曲成型

钢筋的弯曲成型是钢筋加工中的一道主要工序,宜用弯曲机进行,详见表5-3。

钢筋弯曲成型　　表5-3

项　目	说　明
有关规定	1. 受力钢筋 (1)HPB 235级钢筋末端应作180°弯钩,其弯弧内直径不应小于钢筋直径的2.5倍,弯钩的弯后平直部分长度不应小于钢筋直径的3倍(图3-2a)。 (2)当设计要求钢筋末端需作135°弯钩时(图5-8a),HRB 335级、HRB 400级钢筋的弯弧内直径D不应小于钢筋直径的4倍,弯钩的弯后平直部分长度应符合设计要求。 (3)钢筋作不大于90°的弯折时(图5-8b),弯折处的弯弧内直径不应小于钢筋直径的5倍。 2. 箍筋 除焊接封闭环式箍筋外,箍筋的末端应作弯钩。弯钩形式应符合设计要求。当设计无具体要求时,应符合下列规定: (1)箍筋弯钩的弯弧内直径除应满足"受力钢筋(1)"外,尚应不小于受力钢筋的直径。 (2)箍筋弯钩的弯折角度,对一般结构,不应小于90°;对有抗震等要求的结构应为135°(图5-9) (3)箍筋弯后的平直部分长度,对一般结构,不宜小于箍筋直径的5倍;对有抗震等要求的结构,不应小于箍筋直径的10倍。 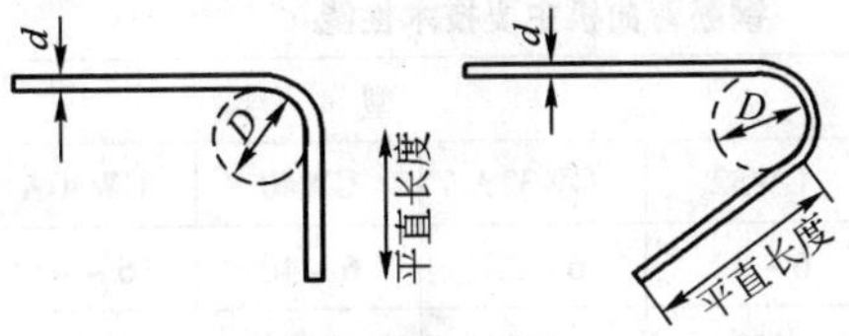 a)　b) 图5-8　受力钢筋弯折 a)90°;b)135° 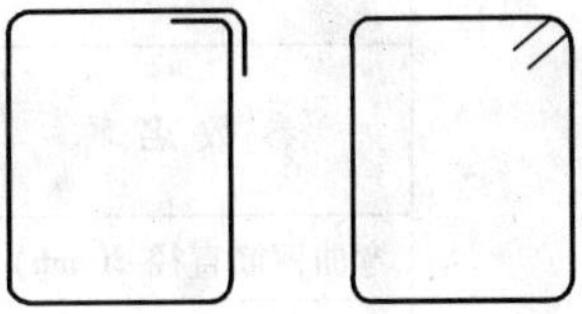 a)　b) 图5-9　箍筋示意 a)90°/90°;b)135°/135°
机具设备	常用弯曲机、弯箍机型号及技术性能见图5-10、表5-3-1和表5-3-2。在缺乏设备或对少量钢筋加工时,可用手工弯曲成型。手工弯曲系在成型台上用手摇扳手(表5-3-3、表5-3-4),每次弯4~8根$\phi8$~10以下细钢筋,或用卡盘和扳手,可弯曲$\phi12$~32粗钢筋,当弯曲$\phi28$以下钢筋时,可用两个板柱加不同厚度钢套。钢筋扳手口直径应比钢筋大2mm。

续上表

项　目	说　　明

机具设备

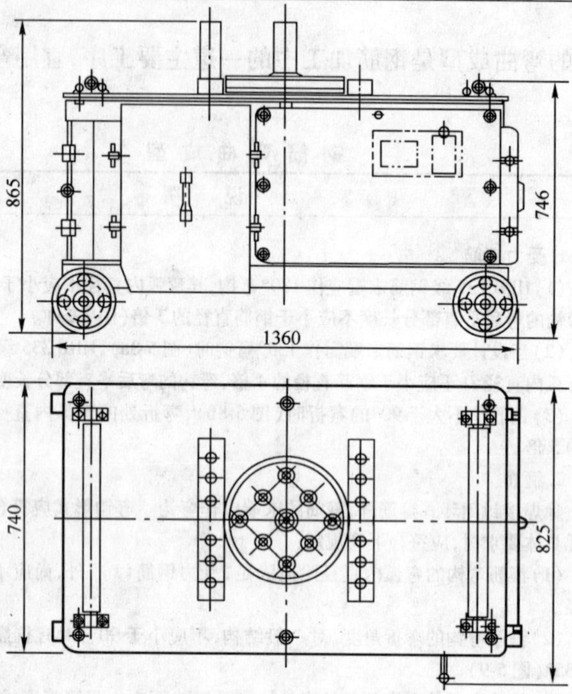

图 5-10　GW40 型钢筋弯曲机

钢筋弯曲机主要技术性能　　表 5-3-1

参数名称		型号				
		GW32	GW32A	GW40	GW40A	GW50
弯曲钢筋直径 d(mm)		6 ~ 32	6 ~ 32	6 ~ 40	6 ~ 40	25 ~ 50
钢筋抗拉强度(MPa)		450	450	450	450	450
弯曲速度(r/min)		10/20	8.8/16.7	5	9	2.5
工作盘直径 d(mm)		360		350	350	320
电动机	型号	YEJ100L1—4	柴油机、电动机	Y100L2—4	YEJ100L2—4	Y112M—4
	功率(kW)	2.2	4	3	3	4
	转速(r/min)	1 420		1 420	1 420	1 420
外形尺寸	长(mm)	875	1 220	870	1 050	1 450
	宽(mm)	615	1 010	760	760	800
	高(mm)	945	865	710	828	760

续上表

项目	说明
机具设备	（见下列各表）

续表 5-3-1

参数名称	型号				
	GW32	GW32A	GW40	GW40A	GW50
整机质量(kg)	340	755	400	450	580
结构原理及特点	齿轮传动，角度控制半自动双速	全齿轮传动，半自动化双速	蜗轮蜗杆传动单速	齿轮传动，角度控制半自动单速	蜗轮蜗杆传动，角度控制半自动单速

钢筋弯箍机主要技术性能 表 5-3-2

项目		型号			
		SGWK8B	GJG4/10	GJG4/12	LGW60Z
弯曲钢筋直径 d(mm)		4 ~ 8	4 ~ 10	4 ~ 12	4 ~ 10
钢筋抗拉强度(MPa)		450	450	450	450
工作盘转速(r/min)		18	30	18	22
电动机	型号	Y112M—6	Y100L1—4	YA100—4	
	功率(kW)	2.2	2.2	2.2	3
	转速(r/min)	1 420	1 430	1 420	
外形尺寸	长(mm)	1 560	910	1 280	2 000
	宽(mm)	650	710	810	950
	高(mm)	1 550	860	790	950

手摇扳手主要尺寸(mm) 表 5-3-3

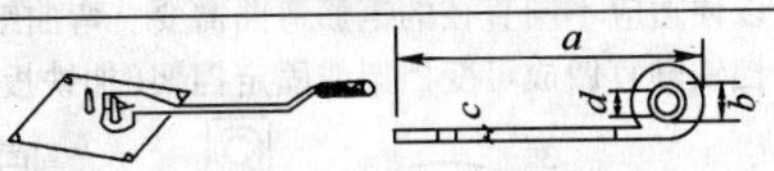

项次	钢筋直径	a	b	c	d
1	6	500	18	16	16
2	8 ~ 10	600	22	18	20

卡盘与扳头(横口扳手)主要尺寸(mm) 表 5-3-4

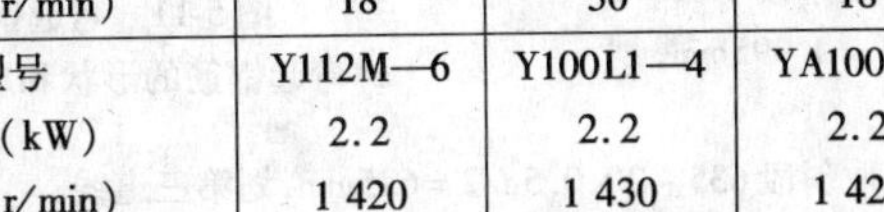

项次	钢筋直径	卡盘			扳头			
		a	b	c	d	e	h	l
1	12 ~ 16	50	80	20	22	18	40	1 200
2	18 ~ 22	65	90	25	28	24	50	1 350
3	25 ~ 32	80	100	30	38	34	76	2 100

续上表

项 目	说 明
弯曲成型工艺要点	

1. 划线

钢筋弯曲前，对形状复杂的钢筋(如弯起钢筋)，根据钢筋料牌上标明的尺寸，用石笔将各弯曲点位置划出。划线时应注意：

(1)根据不同的弯曲角度扣除弯曲调整值(见表3-1-1)，其扣法是从相邻两段长度中各扣一半。

(2)钢筋端部带半圆弯钩时，该段长度划线时增加 $0.5d$(d 为钢筋直径)。

(3)划线工作宜从钢筋中线开始向两边进行；两边不对称的钢筋，也可从钢筋一端开始划线，如划到另一端有出入时，则应重新调整。

(4)划线应在工作台上进行，如无划线台而直接以尺度量进行划线时，应使用长度适当的木尺，不宜用短尺(木折尺)接量，以防发生差错。

【例】 今有一根直径20mm 的弯起钢筋，其所需的形状和尺寸如图5-11所示。划线方法如下：

第一步在钢筋中心线上划第一道线；

第二步取中段 $4\,000/2-0.5d/2=1\,995$mm，划第二道线；

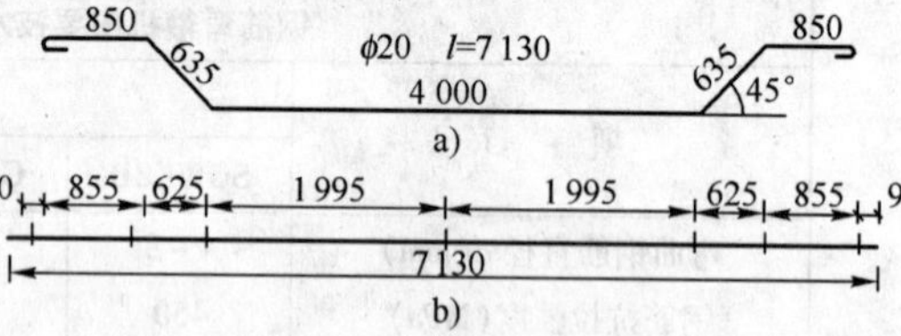

图5-11 弯起钢筋的划线

a)弯起钢筋的形状和尺寸；b)钢筋划线

第三步取斜段 $635-2\times0.5d/2=625$mm，划第三道线；

第四步取直段 $850-0.5d/2+0.5d=855$mm，划第四道线。

上述划线方法仅供参考。第一根钢筋成型后应与设计尺寸校对一遍，完全符合后再成批生产。

2. 钢筋弯曲成型

钢筋在弯曲机上成型时(图5-12)，心轴直径应是钢筋直径的2.5~5.0倍，成型轴宜加偏心轴套，以便适应不同直径的钢筋弯曲需要。弯曲细钢筋时，为了使弯弧一侧的钢筋保持平直，挡铁轴宜做成可变挡架或固定挡架(加铁板调整)。

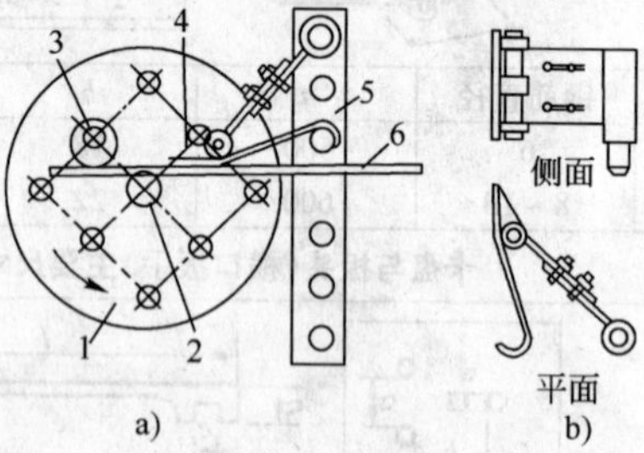

图5-12 钢筋弯曲成型

a)工作简图；b)可变挡架构造

1-工作盘；2-心轴；3-成型轴；4-可变挡架；5-插座；6-钢筋

钢筋弯曲点线和心轴的关系，如图5-13所示。由于成型轴和心轴在同时转动，就会带动钢筋向前滑移。因此，钢筋弯90°时，弯曲点线约与心轴内边缘齐；弯180°时，弯曲点线距心轴内边缘为 $1.0\sim1.5d$(钢筋硬时取大值)。

注意：对HRB335与HRB400钢筋，不能弯过头再弯过来，以免钢筋弯曲点处发生裂纹。

续上表

<table>
<tr><th>项目</th><th>说明</th></tr>
<tr><td>弯曲成型工艺要点</td><td>
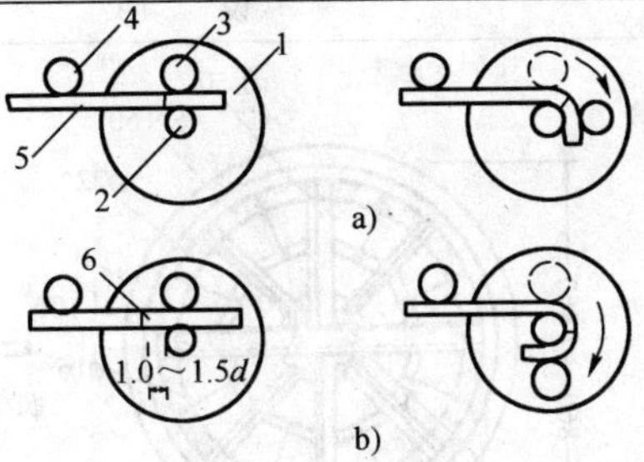

图 5-13　弯曲点线与心轴关系
a)弯 90°;b)弯 180°
1-工作盘;2-心轴;3-成型轴;4-固定挡铁;5-钢筋;6-弯曲点线

第 1 根钢筋弯曲成型后与配料表进行复核,符合要求后再成批加工;对于复杂的弯曲钢筋,如预制柱牛腿、屋架节点等宜先弯 1 根,经过试组装后,方可成批弯制。

3. 曲线形钢筋成型

弯制曲线形钢筋时(图 5-14),可在原有钢筋弯曲机的工作盘中央,放置一个十字架和钢套;另外在工作盘四个孔内插上短轴和成型钢套(和中央钢套相切)。插座板上的挡轴钢套尺寸,可根据钢筋曲线形状选用。钢筋成型过程中,成型钢套起顶弯作用,十字架只协助推进。

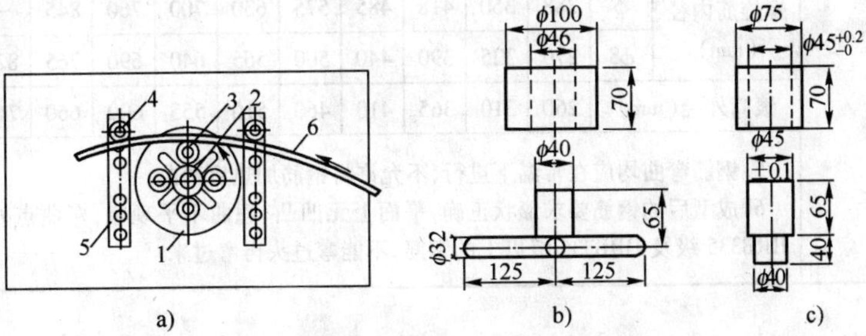

图 5-14　曲线形钢筋成型
a)工作简图;b)十字撑及圆套详图;c)桩柱及圆套详图
1-工作盘;2-十字撑及圆套;3-桩柱及圆套;4-挡轴圆套;5-插座板;6-钢筋

4. 螺旋形钢筋成型

小直径可用手摇滚筒成型(图 5-15),较粗(φ16～30)钢筋可在钢筋弯曲机的工作盘上安设一个型钢制成的加工圆盘(图 5-16),圆盘外直径相当于需加工螺旋筋(或圆箍筋)的内径,插孔相当于弯曲机扳柱间距。使用时将钢筋一端固定,即可按一般钢筋弯曲加工方法弯成所需要的螺旋形钢筋。

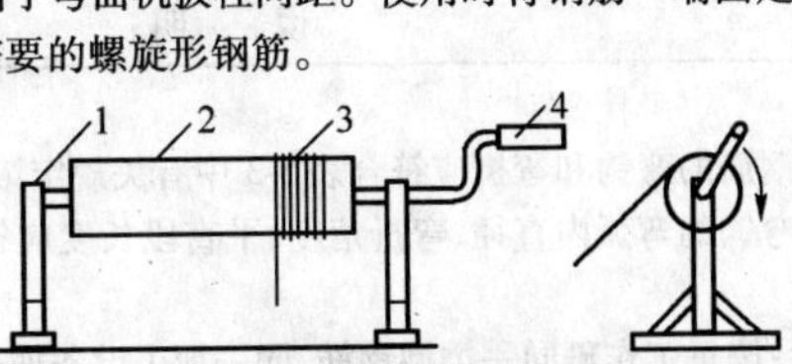

图 5-15　螺旋形钢筋成型
1-支架;2-卷筒;3-钢筋;4-摇把
</td></tr>
</table>

续上表

项　目	说　　明
弯曲成型工艺要点	（见下）

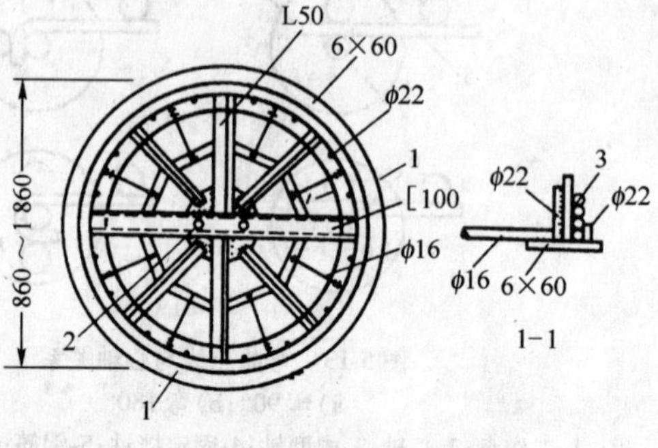

图 5-16　大直径螺旋箍筋成型装置

1-加工圆盘;2-板柱插孔,间距 250mm;3-螺旋箍筋

由于钢筋有弹性,滚筒直径应比螺旋筋内径略小,可参考表 5-3-5。

滚筒直径与螺旋筋直径关系　　表 5-3-5

螺旋筋内径（mm）													
螺旋筋内径（mm）	φ	288	360	418	485	575	630	700	760	845	—	—	—
	φ8	270	325	390	440	500	565	640	690	765	820	885	965
滚筒外径（mm）		260	310	365	410	460	510	555	600	660	710	760	810

5. 钢筋弯曲均应在常温下进行,不允许将钢筋加热后弯曲。

6. 成型后的钢筋要求形状正确,平面上无凹凸、翘曲不平现象,弯曲点处无裂缝,对 HRB335 级及 HRB335 级以上的钢筋,不能弯过头再弯过来

5-4　钢筋加工质量检验

钢筋加工质量检验,见表 5-4。

钢筋加工质量检验　　表 5-4

项　目	说　　明
主控项目	（1）受力钢筋的弯钩和弯折应符合表 5-3 中有关规定第 1 点的规定。 （2）箍筋弯钩的弯弧内直径、弯折角度、平直段长度应符合表 5-3 中有关规定第 2 点的规定。 检查数量:按每工作班同一类型钢筋、同一加工设备抽查不应少于 3 件。 检查方法:钢尺检查

续上表

<table>
<tr><th>项 目</th><th>说 明</th></tr>
<tr><td>一般项目</td><td>
(1)钢筋调直冷拉率应符合表 5-1 中钢筋调直第 4 点的规定。
(2)钢筋加工的形状与尺寸应符合设计要求,其偏差应符合表 5-4-1 的规定。
检查数量与方法,与主控项目相同。
钢筋加工的允许偏差　　表 5-4-1
<table>
<tr><th>项 目</th><th>允许偏差(mm)</th></tr>
<tr><td>受力钢筋顺长度方向全长的净尺寸</td><td>±10</td></tr>
<tr><td>弯起钢筋的弯折位置</td><td>±20</td></tr>
<tr><td>箍筋内的净尺寸</td><td>±5</td></tr>
</table>
</td></tr>
</table>

6 钢筋焊接

6-1 钢筋焊接一般规定和适用范围

钢筋焊接一般规定和适用范围,见表6-1。

钢筋焊接一般规定和适用范围 表6-1

项目	说明
一般规定	(1)电渣压力焊应用于柱、墙、烟囱等现浇混凝土结构中竖向受力钢筋的连接;不得用于梁、板等构件中水平钢筋的连接。 (2)在工程开工或每批钢筋正式焊接前,应进行现象条件下的焊接性能试验。合格后方可正式生产。 (3)钢筋焊接施工之前,应清除钢筋或钢板焊接部位和与电极接触的钢筋表面上的锈斑油污、杂物等;钢筋端部若有弯折、扭曲时,应予以矫直或切除。 (4)进行电阻点焊、闪光对焊、电渣压力焊或埋弧压力焊时,应随时观察电源电压的波动情况。对于电阻点焊或闪光对焊,当电源电压下降大于5%、小于8%时,应采用提高焊接变压器级数的措施;当大于或等于8%时,不得进行焊接。对于电渣压力焊或埋弧压力焊,当电源电压下降大于5%时,不宜进行焊接。 (5)对从事钢筋焊接施工的班组及有关人员应经常进行安全生产教育,并应制定和实施安全技术措施,加强对焊工的劳动保护,防止发生烧伤、触电、火灾、爆炸以及烧坏设备等事故。 (6)焊机应经常维护保养和定期检修,确保正常使用
适用范围	钢筋焊接方法分类及适用范围,见表6-1-1。钢筋焊接质量检验,应符合行业标准《钢筋焊接及验收规程》(JGJ 18—2003)和《钢筋焊接接头试验方法标准》(JGJ/T 27—2001)的规定。

钢筋焊接方法分类及适用范围 表6-1-1

焊接方法	接头形式	适用范围	
		钢筋级别	钢筋直径(mm)
电阻点焊	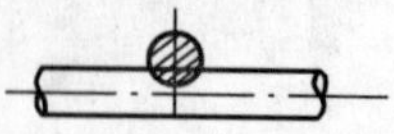	HPB23 HRB335 HPB400 CRB550	8~16 6~16 6~16 4~12

续上表

项目	说明				

续表 6-1-1

项目	焊接方法		接头形式	适用范围：钢筋级别	适用范围：钢筋直径（mm）
适用范围	闪光对焊		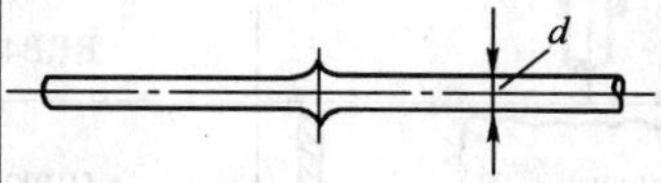	HPB235 HRB335 HRB400 RRB400 HRB500 Q235	8～20 6～40 6～40 10～32 10～40 6～14
适用范围	电弧焊	帮条双面焊	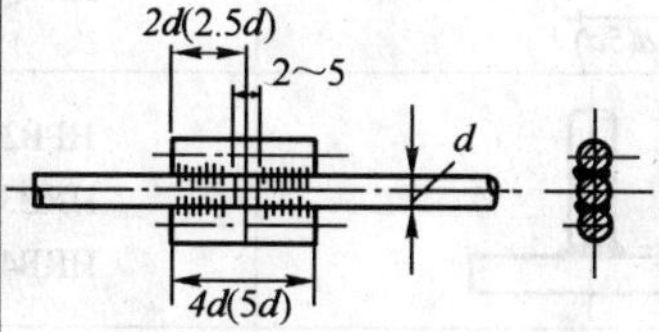	HPB235 HRB335 HRB400 RRB400	10～20 10～40 10～40 10～25
适用范围	电弧焊	帮条单面焊	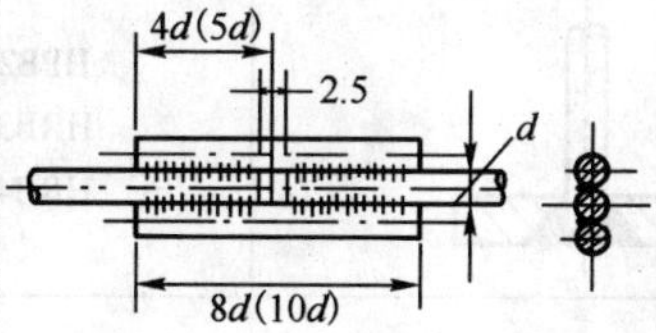	HPB235 HRB335 HRB400 RRB400	10～20 10～40 10～40 10～25
适用范围	电弧焊	搭接双面焊	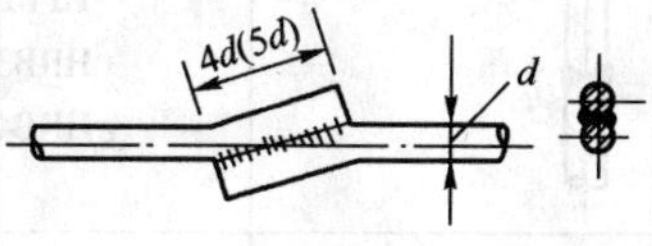	HPB235 HRB335 HRB400 RRB400	10～20 10～40 10～40 10～25
适用范围	电弧焊	搭接单面焊	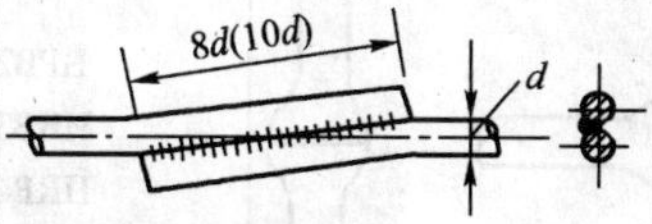	HPB235 HRB335 HRB400 RRB400	10～20 10～40 10～40 10～25
适用范围	电弧焊	熔槽帮条焊	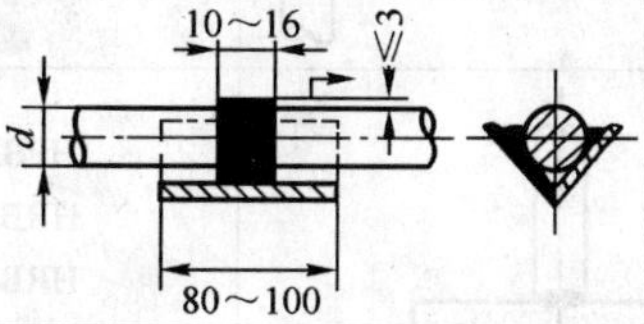	HPB235 HRB335 HRB400 RRB400	20 20～40 20～40 20～25
适用范围	电弧焊	坡口平焊	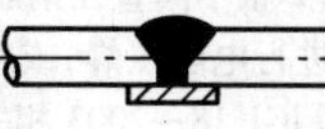	HPB235 HRB335 HRB400 RRB400	18～20 18～40 18～40 18～25

续表 6-1-1

项目		焊接方法	接头形式	适用范围：钢筋级别	适用范围：钢筋直径（mm）
适用范围	电弧焊	坡口立焊		HRPB235 HRB335 HRB400 RRB400	18～20 18～40 18～40 18～25
		钢筋与钢板搭接焊	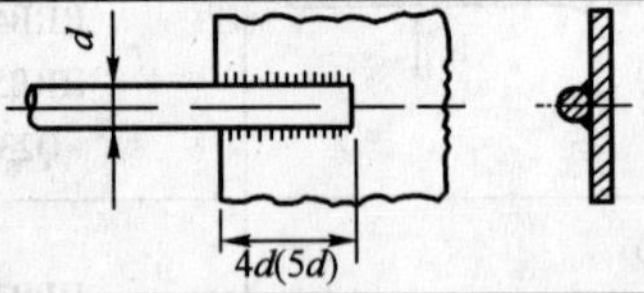	HPB235 HRB335 HRB400	8～20 8～40 8～25
		预埋件角焊	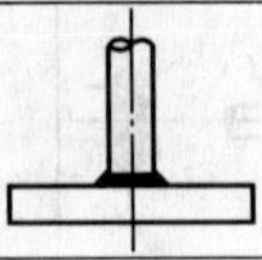	HPB235 HRB335 HRB400	8～20 6～25 6～25
		预埋件穿孔塞焊	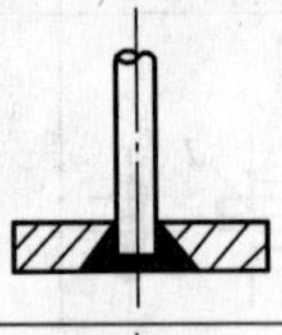	HPB235 HRB335 HRB400	20 20～25 20～25
		电渣压力焊		HPB235 HRB335 HRB400	14～20 14～32 14～32
		气压焊	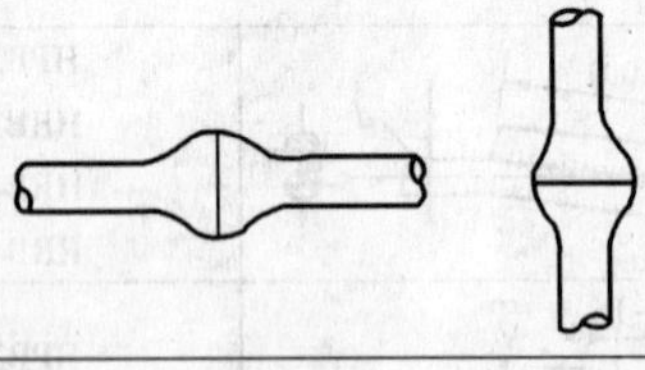	HPB235 HRB335 HRB400	14～20 14～40 14～40
		预埋件埋弧压力焊	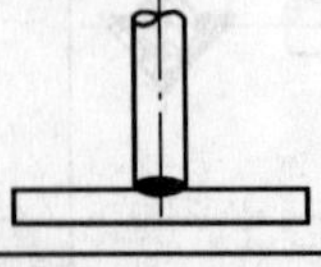	HPB235 HRB335 HRB400	8～20 6～25 6～25

注：1. 电阻点焊时，适用范围的钢筋直径系指 2 根不同直径钢筋交叉叠接中较小钢筋的直径。

2. 当设计图规定对冷拔低碳钢丝焊接网进行电阻点焊，或对原 RL540 钢筋（Ⅳ级）进行闪光对焊时，可按《钢筋焊接及验收规程》JGJ 18—2003 相关条款的规定实施。

3. 钢筋闪光对焊含封闭环式箍筋闪光对焊。

6-2 钢筋闪光对焊

6-2-1 钢筋闪光对焊的原理、特点及应用

钢筋闪光对焊的原理、特点及应用,见表6-2。

钢筋闪光对焊的原理、特点及应用 表6-2

项目	说明
原理	钢筋闪光对焊系将两钢筋安放成对接形式,利用强大电流通过钢筋端头而产生的电阻热,使钢筋端部熔化,产生强烈飞溅,形成闪光,迅速施加顶锻力,使两根钢筋焊成一体
特点	对焊分电阻焊和闪光焊。由于闪光焊接触面积小,接触点电流密度大,热量集中,热影响区小,接头质量好,钢筋两端面不需磨平,可简化操作,提高工效;又因采用了预热方法,可在较小的对焊机上焊接较大直径的钢筋;特别是可用于焊接各种品种钢筋的接头,是钢筋接头焊接中操作工艺简单、效率高、施工速度快、质量好、成本低的一种优良焊接方法,因此使用较普遍
应用	适用于焊接直径10~40mm的热轧光圆及带肋钢筋,直径10~25mm的余热处理钢筋

6-2-2 闪光对焊机具及工艺

闪光对焊机具及工艺,见表6-3。

闪光对焊机具及工艺 表6-3

项目	说明
机具设备	对焊机具设备最常用的为UN系列对焊机(图6-1),其主要技术性能见表6-3-1。 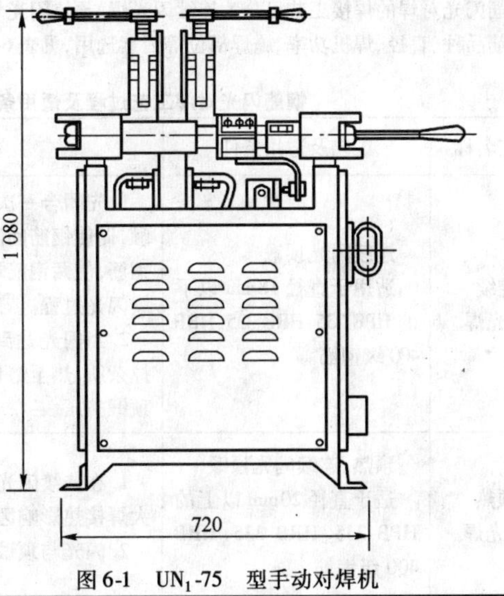 图6-1 UN_1-75 型手动对焊机

续上表

项目	说明
机具设备	见表 6-3-1

常用对焊机技术性能　　　　表 6-3-1

项目	焊机型号			
	UN$_1$—75	UN$_1$—100	UN$_2$—150	UN$_{17}$—150—1
额定容量(kVA)	75	100	150	150
初级电压(V)	220/380	380	380	380
次级电压调节范围(V)	3.52～7.94	4.5～7.6	4.05～8.1	3.8～7.6
次级电压调节级数	8	8	15	15
额定持续率(%)	20	20	20	50
钳口夹紧力(kN)	20	40	100	160
最大顶锻力(kN)	30	40	65	80
钳口最大距离(mm)	80	80	100	90
动钳口最大行程(mm)	80	50	27	80
连续闪光焊时钢筋最大直径(mm)	12～16	16～20	20～25	20～25
预热闪光焊时钢筋最大直径(mm)	32～36	40	40	40
生产率(次/h)	75	20～30	80	120
外形尺寸(长×宽×高)(m)	1 520×550×1 080	1 800×550×1 150	2 140×1 360×1 380	2 300×1 100×1 820
焊机质量(kg)	445	465	2 500	1 900

项目	说明
对焊工艺	钢筋闪光对焊的焊接工艺可分为连续闪光焊、预热闪光焊和闪光—预热闪光焊等，根据钢筋品种、直径、焊机功率、施焊部位等因素选用，见表 6-3-2。

钢筋闪光对焊工艺过程及适用条件　　　　表 6-3-2

工艺名称	工艺及适用条件	操作方法
连续闪光焊	连续闪光顶锻 适用于直径 18mm 以下的 HPB 235、HRB 335、HRB 400 级钢筋	1. 先闭合一次电路，使两钢筋端面轻微接触，促使钢筋间隙中产生闪光，接着徐徐移动钢筋，使两钢筋端面仍保持轻微接触，形成连续闪光过程。 2. 当闪光达到规定程度后（烧平端面，闪掉杂质，热至熔化），即以适当压力迅速进行顶锻挤压
预热闪光焊	预热、连续闪光顶锻 适于直径 20mm 以上的 HPB 235、HRB 335、HRB 400 级钢筋	1. 在连续闪光前增加一次预热过程，以扩大焊接热影响区。 2. 闪光与顶锻过程同连续闪光焊

续上表

<table>
<tr><th>项目</th><th colspan="3">说明</th></tr>
<tr><td rowspan="3">对焊工艺</td><td colspan="3">续表6-3-2</td></tr>
<tr><td>工艺名称</td><td>工艺及适用条件</td><td>操作方法</td></tr>
<tr><td>闪光-预热-闪光焊</td><td>一次闪光、预热
二次闪光、预锻
适用于直径20mm以上的HPB 235、HRB 335、HRB 400级钢筋及HRB 500级钢筋</td><td>1.一次闪光:将钢筋端面闪平。
2.预热:使两钢筋端面交替地轻微接触和分开,使其间隙发生断续闪光来实现预热,或使两钢筋端面一直紧密接触用脉冲电流或交替紧密接触与分开,产生电阻热(不闪光)来实现预锻。
3.二次闪光与顶锻过程同连续闪光焊</td></tr>
<tr><td></td><td>电热处理</td><td>闪光-预热-闪光,通电热处理,适用于HRB 500级钢筋</td><td>1.焊毕松开夹具,放大钳口距,再夹紧钢筋。
2.焊后停歇30~60s,待接头温度降至暗黑色时,采取低频脉冲通电加热(频率0.5~1.5次/s,通电时间5~7s)。
3.当加热至550~600℃呈暗红色或橘红色时,通电结束,松开夹具</td></tr>
<tr><td>工艺参数</td><td colspan="3">为获得良好的对焊接头,应选择恰当的焊接参数,包括闪光留量、闪光速度、顶锻留量、顶锻速度、顶锻压力、调伸长度及变压器等级等。采用预热闪光焊时,还需增加预热留量。
1.调伸长度
调伸长度是指焊接前,两钢筋端部从电极钳口伸出的长度。调伸长度的选择与钢筋品种和直径有关,应使接头能均匀加热,并使钢筋顶锻时不致发生旁弯。调伸长度取值:HPB235级钢筋为0.75~1.25d,HRB335与HRB400级钢筋为1.0~1.5d(d为钢筋直径);直径小的钢筋取大值。
2.闪光留量与闪光速度
闪光(烧化)留量是指在闪光过程中,闪出金属所消耗的钢筋长度。闪光留量的选择,应使闪光过程结束时钢筋端部的热量均匀,并达到足够的温度。闪光留量取值:连续闪光焊为两钢筋切断时严重压伤部分之和,另加8mm;预热闪光焊为8~10mm;闪光-预热-闪光焊的一次闪光为两钢筋切断时刀口严重压伤部分之和,二次闪光为8~10mm(直径大的钢筋取大值)。
闪光速度由慢到快,开始时接近于零,而后约1mm/s,终止时达1.5~2mm/s。
3.预热留量与预热频率
预热程度由预热留量与预热频率来控制。预热留量的选择,应使接头充分加热。预热留量取值:对预热闪光焊为4~7mm,对闪光-预热-闪光焊为2~7mm(直径大的钢筋取大值)。
预热频率取值:对HPB235级钢筋宜高些;对HRB335、HRB400级钢筋宜适中(1~2次/s),以扩大接头处加热范围,减少温度梯度。
4.顶锻留量、顶锻速度与顶锻压力</td></tr>
</table>

续上表

<table>
<tr><th>项 目</th><th>说 明</th></tr>
<tr><td>工艺参数</td><td>
顶锻留量应使顶锻结束时，接头整个截面获得紧密接触，并有适当的塑性变形，一般宜取 4 ~ 6.5mm；顶锻速度，开始 0.1s 应将钢筋压缩 2 ~ 3mm，而后断电并以 6mm/s 的速度继续顶锻至结束；顶锻压力应足以将全部的熔化金属从接头内挤出，不宜过大或过小，过大焊口会产生裂缝；过小焊口不紧密，易夹渣。
5. 变压器级次
变压器级次用以调节焊接电流大小。钢筋级别高或直径大，其级次要高。焊接时如火花过大并有强烈声响，应降低变压器级次。当电压降低 5% 左右时，应提高变压器级次 1 级。
6. 连续闪光焊钢筋上限直径见表 6-3-3
连续闪光焊钢筋上限直径 表 6-3-3
<table>
<tr><th rowspan="3">钢 筋 类 别</th><th colspan="4">焊 机 容 量(kVA)</th></tr>
<tr><th>160(150)</th><th>100</th><th>80(75)</th><th>40</th></tr>
<tr><th colspan="4">钢筋直径(mm)</th></tr>
<tr><td>HPB 235</td><td>20</td><td>20</td><td>16</td><td>10</td></tr>
<tr><td>HRB 335</td><td>22</td><td>18</td><td>14</td><td>10</td></tr>
<tr><td>HRB 400</td><td>20</td><td>16</td><td>12</td><td>10</td></tr>
<tr><td>RRB 400</td><td>20</td><td>16</td><td>12</td><td>10</td></tr>
</table>
</td></tr>
<tr><td>注意事项</td><td>
(1) 焊接前应检查焊机各部件和接地情况，调整变压器级次，开放冷却水，合上电闸，才可开始工作。
(2) 钢筋端头应顺直，在端部 15cm 范围内的铁锈、油污等应清除干净，避免因接触不良而打火烧伤钢筋表面。端头处如有弯曲，应进行调直或切除。两钢筋应处在同一轴线上，其最大偏差不得超过 0.5mm。
(3) 对 HRB 335、HRB 400 级钢筋采用预热闪光焊时，应做到一次闪光，闪平为准；预热充分，频率要高；二次闪光，短、稳、强烈；顶锻过程，快而有力。对 HRB 500 级钢筋，为避免在焊缝和热影响区产生氧化缺陷、过热和淬硬脆裂现象，焊接时，要掌握好温度、焊接参数，操作要做到一次闪光，闪平为准，预热适中，频率中低；二次闪光，短、稳、强烈；顶锻过程，快而用力且得当。对 45 硅锰钒钢筋，尚需焊后进行通电热处理。
(4) 不同直径的钢筋焊接时，其直径之比不能大于 1.5；同时应注意使两者在焊接过程中加热均匀。焊接时按大直径钢筋选择焊接参数。
(5) 负温（不低于 -20℃）下闪光对焊，应采用弱参数。焊接场地应有防风、防雨措施，使室内保持 0℃以上温度，焊后接头部位不应骤冷，应采用石棉粉保温，避免接头冷淬、脆裂。
(6) 对焊完毕，应稍停 3 ~ 5s，待接头处颜色由白红色变为黑红色后，才能松开夹具，平稳取出钢筋，以防焊区弯曲变形；同时要趁热将焊缝的毛刺打掉。
(7) 当调换焊工或更换钢筋级别和直径时，应按规定制作对焊试样（不少于 2 个）做冷弯试验，合格后才能成批焊。
</td></tr>
</table>

6-2-3 质量检验

质量检验，见表 6-4。

质 量 检 验 表6-4

项 目	说 明
取样数量	在同一台班内，由同一焊工，按同一焊接参数完成的300个同类型接头作为一批。一周内连续焊接时，可以累计计算。一周内累计不足300个接头时，也按一批计算。 钢筋闪光对焊接头的外观检查，每批抽查10%的接头，且不得少于10个。 钢筋闪光对焊接头的力学性能试验包括拉伸试验和弯曲试验，应从每批成品中切取6个试件，3个进行拉伸试验，3个进行弯曲试验。
外观检查	钢筋闪光对焊接头的外观检查，应符合下列要求： (1)接头处不得有横向裂纹。 (2)与电极接触处的钢筋表面，不得有明显的烧伤。 (3)接头处的弯折，不得大于3°。 (4)接头处的钢筋轴线偏移α，不得大于钢筋直径的0.1倍，且不得大于2mm；其测量方法见图6-2。 当有一个接头不符合要求时，应对全部接头进行检查，剔出不合格接头，切除热影区后重新焊接 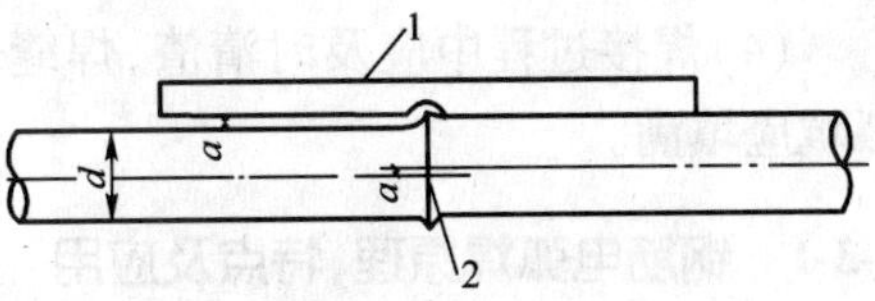 图6-2 对焊接头轴线偏移测量方法 1-测量尺；2-对焊接头
拉伸试验	钢筋对焊接头拉伸试验时，应符合下列要求： (1)三个试件的抗拉强度均不得低于该级别钢筋的抗拉强度标准值。 (2)至少有两个试样断于焊缝之外，并呈塑性断裂。 当检验结果有一个试件的抗拉强度低于规定指标，或有两个试件在焊缝或热影响区生脆性断裂时，应取双倍数量的试件进行复验。复验结果中，若仍有一个试件的抗拉强度于规定指标，或有三个试件呈脆性断裂，则该批接头即为不合格品。 模拟试件的检验结果不符合要求时，复验应从成品中切取试件，其数量和要求与初试时相同
弯曲试验	钢筋闪光对焊接头弯曲试验时，应将受压面的金属毛刺和镦粗变形部分去掉，与母材的外表齐平。 弯曲试验可在万能试验机、手动或电动液压变曲机上进行，焊缝应处于弯曲的中心点，弯心直径见表6-4-1。弯曲至90°时，至少有2个试件不得发生破断。

钢筋对接接头弯曲试验指标 表6-4-1

钢 筋 级 别	弯 心 直 径(mm)	弯 曲 角(°)
HPB 235级	$2d$	90
HRB 333级	$4d$	90
HRB 400级	$5d$	90

注：1. d为钢筋直径。

2. 直径大于25mm的钢筋对焊接头，作弯曲试验时弯心直径应增加一个钢筋直径。

当试验结果有2个试件发生破断时，应再取6个试件进行复验。复验结果，当仍有3个试件发生破断，应确认该批接头为不合格品

6-3 钢筋电弧焊

钢筋电弧焊包括帮条焊、搭接焊、坡口焊和熔槽帮条焊等接头形式。焊接时应符合下列要求：

(1)应根据钢筋级别、直径、接头形式和焊接位置，选择焊条、焊接工艺和焊接参数。

(2)焊接时，引弧应在垫板、帮条或形成焊缝的部位进行，不得烧伤主筋。

(3)焊接地线与钢筋应接触紧密。

(4)焊接过程中应及时清渣，焊缝表面应光滑，焊缝余高应平缓过渡，弧坑应填满。

6-3-1 钢筋电弧焊原理、特点及应用

钢筋电弧焊原理、特点及应用，见表6-5。

钢筋电弧焊原理、特点及应用　　表6-5

项　目	说　　明
原理	电弧焊是利用两个电极（焊条与焊件）的末端放电现象，产生电弧高温，集中热量熔化钢筋端面和焊条末端，使焊条金属熔化在接头焊缝内，冷凝后形成焊缝，将金属结合在一起
特点	电弧焊焊接设备简单，价格低廉，维护方便，操作技术要求不高，可用于各种形状、品种钢筋的焊接，是钢筋或预埋件焊接采用较广泛的一种手工焊接方法
应用	适于没有对焊设备，电源不足或者用在由于其他原因不能采用接触对焊时采用，但电弧焊接头不能用于承受动力荷载的构件（如吊车梁等）；搭接帮条电弧焊接头不宜用于预应力钢筋接头

6-3-2 机具设备和焊条

机具设备和焊条，见表6-6。

机具设备和焊条　　表6-6

项　目	说　　明
机具设备	主要设备为弧焊机，分交流、直流两类。交流弧焊机结构简单，价格低廉，保养维修方便；直流弧焊机焊接电流稳定，焊接质量高，但价格高。常用两类电焊机主要技术性能见表6-6-1和表6-6-2。当有的焊件要求采用直流焊条焊接时，或网路电源容量很小，要求三相用电均衡时，应选用直流弧焊机。弧焊机容量的选择可按照需要的焊接电流选择（型号后的数字即表示其容量）。

续上表

项目	说明
机具设备	见下表

常用交流电焊机主要性能 表 6-6-1

项目		BX_3—120—1	BX_3—300—2	BX_3—500—2	BX_2—1000（BC—1000）
额定焊接电流（A）		120	300	500	1000
初级电压（V）		220/380	380	380	220/380
次级空载电压（V）		70～75	70～78	70～75	69～78
额定工作电压（V）		25	32	40	42
额定初级电流（A）		41/23.5	61.9	101.4	340/196
焊接电流调节范围（A）		20～160	40～400	60～600	400～1 200
额定持续率（%）		60	60	60	60
额定输入功率（kVA）		9	23.4	38.6	76
各持续率时功率	100%（kVA）	7	18.5	30.5	—
	额定持续率（kVA）	9	23.4	38.6	76
各持续率时焊接电流	100%（A）	93	232	388	775
	额定持续率（A）	120	300	500	1 000
功率因数（cosφ）		—	—	—	0.62
效率（%）		80	82.5	87	90
外形尺寸（长×宽×高）（mm）		485×470×680	730×540×900	730×540×900	744×950×1 220
质量（kg）		100	183	225	560

常用直流电焊机主要性能 表 6-6-2

项目			AX_1—165	AX_4—300—1	AX—320	AX_5—500	AX_3—500
弧焊发电动	额定焊接电流（A）		165	300	320	500	500
	焊接电流调节范围（A）		40～200	45～375	45～320	60～600	60～600
	空载电压（V）		40～60	55～80	50～80	65～92	55～75
	工作电压（V）		30	22～35	30	23～44	25～40
	额定持续率（%）		60	60	50	60	60
	各持续率时功率	100%（kW）	3.9	6.7	7.5	13.6	15.4
		额定持续率（kW）	5.0	9.6	9.6	20	20
	各持续率时焊接电流	100%（A）	130	230	250	385	385
		额定持续率（A）	165	300	320	500	500

续上表

项目	说明
机具设备	续表 6-6-2（见下表）

续表 6-6-2

项目			AX_1—165	AX_4—300—1	AX—320	AX_5—500	AX_3—500
机具设备	使用焊条直径(mm)		5 以下	3 ~ 7	3 ~ 7	—	3 ~ 7
	电动机	功率(kW)	6	10	14	20	26
		电压(V)	220/380	380	380	380	220/380
		电流(A)	21.3/12.3	20.8	27.6	50.9	89/51.5
		频率(Hz)	50	50	50	50	50
		转速(r/min)	2 900	2 900	1 450	1 450	2 900
		功率因数(cosφ)	0.87	0.88	0.87	0.88	0.90
		机组效率(%)	52	52	53	54	54
	外形尺寸(长×宽×高)(mm)		932×382×720	1 140×500×825	1 202×590×992	1 128×590×1 000	1 078×600×805
	机组质量(kg)		210	250	560	700	415

电弧焊条

电弧焊所采用的焊条，其性能应符合国家现行标准《碳钢焊条》(GB 5117)或《低合金钢焊条》(GB 5118)的规定，其型号应根据设计确定；若设计无规定时，可按表 6-6-3 选用。

当采用低氢型碱性焊条时，应按使用说明书的要求烘焙；酸性焊条若在运输或存放中受潮，使用前也应烘焙后方可使用。

钢筋电弧焊焊条型号 表 6-6-3

钢筋级别	电弧焊接头形式		
	帮条焊 搭接焊	坡口焊 熔槽帮条焊 预埋件穿孔塞焊	钢筋与钢板搭接焊 预埋件 T 型角焊
HPB 235	E4303	E4303	E4303
HRB 335	E4303	E5003	E4303
HRB 400	E5003	E5503	E5003

6-3-3 焊接工艺

焊接工艺，见表 6-7。

焊 接 工 艺 表 6-7

项目	说明
帮条焊与搭接焊	帮条焊和搭接焊宜采用双面焊。当不能进行双面焊时，可采用单面焊。当帮条级别与主筋相同时，帮条直径可与主筋相同或小一个规格；当帮条直径与主筋相同时，帮条级别可与主筋相同或低一个级别。 (1)施焊前，钢筋的装配与定位，应符合下列要求： ①采用帮条焊时，两主筋端面之间的间隙应为 2 ~ 5mm。 ②采用搭接焊时，焊接端钢筋应预弯，并应使两钢筋的轴线在一直线上。 ③帮条和主筋之间应采用四点定位焊固定(图 6-3a)；搭接焊时，应采用两点定位焊固定(图 6-3b)；定位焊缝与帮条端部或搭接端部的距离应大于或等于 20mm。

续上表

项目	说明
帮条焊与搭接焊	（续）

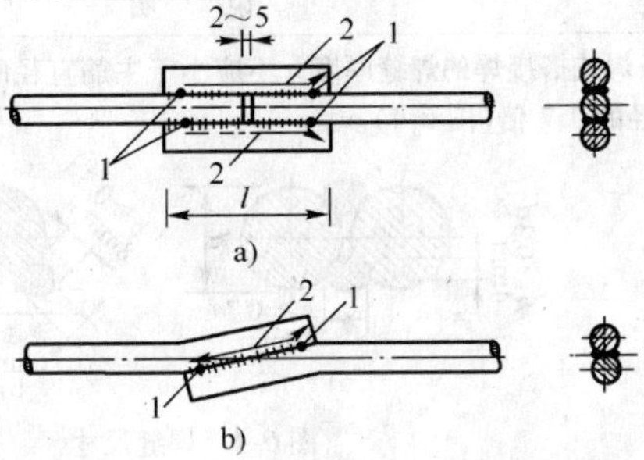

图6-3　帮条焊与搭接焊的定位

a)帮条焊;b)搭接焊

1-定位焊缝;2-弧坑拉出方位

④帮条长度 l 应符合表6-7-1规定。

钢 筋 帮 条 长 度　　表6-7-1

钢筋牌号	焊缝型式	长条长度 l
HPB235	单面焊	≥8d
	双面焊	≥4d
HRB335 HRB400 RRB400	单面焊	≥10d
	双面焊	≥5d

注:d 为主筋直径(mm)。

(2)施焊时,应在帮条焊或搭接焊的焊缝中引弧;在端头收弧前应填满弧坑,并应使主焊缝与定位焊缝的始端和终端熔合。多层施焊第一层焊接电流宜稍大,以增加熔化深度,每焊完一层应立即清渣。焊接时应按焊件形状、接头形式、施焊方法、焊件尺寸等确定焊条直径与焊接电流的强弱,可参照表6-7-2采用。

焊条直径与焊接电流的选择　　表6-7-2

帮条焊、搭接焊				坡口焊			
焊接位置	钢筋直径(mm)	焊条直径(mm)	焊接电流(A)	焊接位置	钢筋直径(mm)	焊条直径(mm)	焊接电流(A)
平焊	10～12	3.2	90～130	平焊	16～20	3.2	140～170
	14～22	4.0	130～180		22～25	4.0	170～190
	25～32	5.0	180～230		28～32	5.0	190～220
	36～40	5.0	190～240		36～40	5.0	200～230
立焊	10～12	3.2	80～110	立焊	16～20	3.2	120～150
	14～22	4.0	110～150		22～25	4.0	150～180
	25～32	5.0	120～170		28～32	4.0	180～200
	36～40	5.0	170～220		36～40	5.0	190～210

续上表

项 目	说 明
帮条焊与搭接焊	(3)帮条焊或搭接焊的焊缝厚度 h 不应小于主筋直径的 0.3 倍，焊缝宽度 b 不应小于主筋直径的 0.7 倍(图 6-4)。 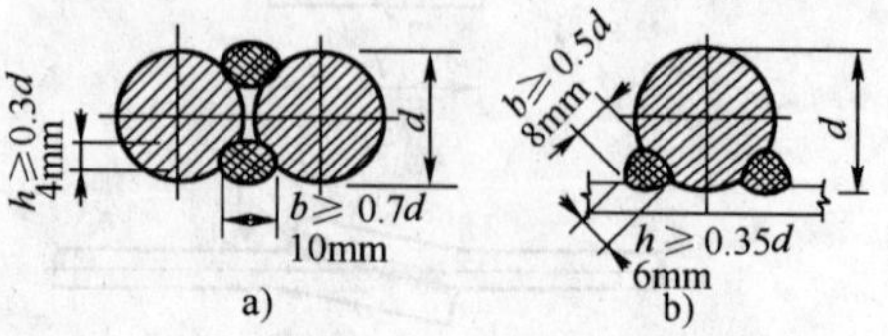 图 6-4 焊缝尺寸 a)钢筋接头;b)钢筋与钢板接头 (4)钢筋与钢板搭接焊时，搭接长度见表 6-1-1。焊缝宽度不得小于钢筋直径的 0.5 倍，焊缝厚度不得小于钢筋直径的 0.35 倍。
坡口焊	(1)施焊前的准备工作，应符合下列要求： ①钢筋坡口面应平顺，切口边缘不得有裂纹、钝边和缺棱。 ②钢筋坡口平焊时，V 形坡口角度宜为 55°～65°(图 6-5a)；坡口立焊时，坡口角度宜为 40°～55°，其中下钢筋为 0°～10°，上钢筋为 35°～45°(图 6-5b)。 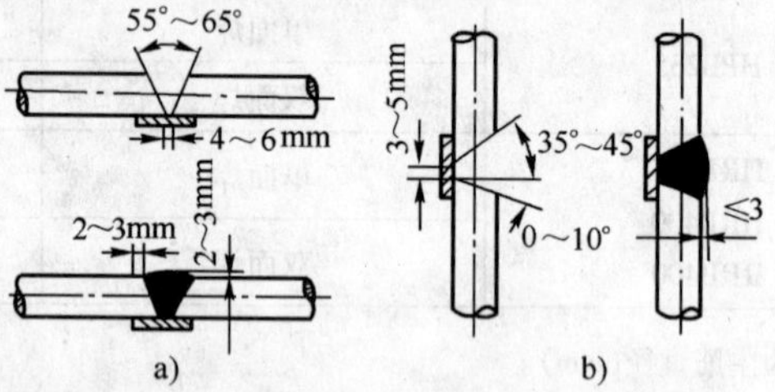 图 6-5 钢筋坡口接头 a)坡口平焊;b)坡口立焊 ③钢垫板的长度宜为 40～60mm，厚度宜为 4～6mm；坡口平焊时，垫板宽度应为钢筋直径加 10mm；立焊时，垫板宽度宜等于钢筋直径。 ④钢筋根部间隙，坡口平焊时宜为 4～6mm；立焊时，宜为 3～5mm；其最大间隙均不宜超过 10mm。 (2)坡口焊工艺，应符合下列要求： ①焊缝根部、坡口端面以及钢筋与钢板之间均应熔合。焊接过程中应经常清渣。钢筋与钢垫板之间，应加焊 2～3 层侧面焊缝。 ②焊缝的宽度应大于 V 形坡口的边缘 2～3mm，焊缝余高不得大于 3mm，并宜平缓过渡至钢筋表面。 ③坡口焊：焊前应将接头处清除干净，并进行定位焊，由坡口根部引弧，分层施焊作之字形运弧，逐层堆焊，直至略高出钢筋表面，焊缝根部、坡口端面及钢筋与钢垫板之间均应熔合良好，咬边应予补焊。为防止接头过热，采用几个接头轮流焊接。 ④坡口立焊：先在下部钢筋端面上引弧堆焊一层，然后快速短小的横向施焊，将上下钢筋端部焊接。当采用 K 形坡口焊时，应在坡口两面交替轮流施焊。 ⑤当发现接头中有弧坑、气孔及咬边等缺陷时，应立即补焊。HRB400 级钢筋接头冷却后补焊时，应采用氧乙炔焰预热

续上表

项 目	说 明
预埋件电弧焊	预埋件T字接头电弧焊分为贴角焊和穿孔塞焊两种(图6-6)。 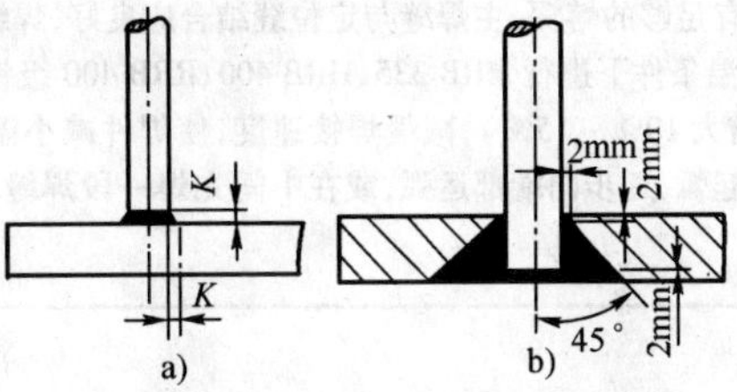 图6-6　预埋件电弧焊T字接头 a)贴角焊;b)穿孔塞焊 采用贴角焊时,焊缝的焊脚K:对HPB235级钢筋不得小于0.5d,对HRB335级钢筋,不得小于0.6d(d为钢筋直径)。 采用穿孔塞焊时,钢板的孔洞应做成喇叭口,其内口直径应比钢筋直径d大4mm,倾斜角度为45°,钢筋缩进2mm。 施焊中,电流不宜过大,不得使钢筋咬边和烧伤
熔槽帮条焊	熔槽帮条焊的规格与尺寸,见表6-1-1。焊接时应加角钢作垫板模。角钢的边长宜为40~60mm,长度宜为80~100mm。其焊接工艺应符合下列要求: (1)钢筋端头应加工平整,两根钢筋端面的间隙应为10~16mm。 (2)从接缝处垫板引弧后应连续施焊,并应使钢筋端头熔合,防止未焊透、气孔或夹渣等危害的产生。 (3)焊接过程中应停焊清渣一次,焊平后再进行焊缝余高的焊接,其高度不得大于3mm。 (4)钢筋与角钢垫板之间,应加焊侧面焊缝1~3层,焊缝应饱满,表面应平整。
注意事项	(1)焊接前须清除焊件表面油污、铁锈、熔渣、毛刺、残渣及其他杂质。 (2)帮条焊应用四条焊缝的双面焊,有困难时采用单面焊。帮条总截面面积不应小于被焊钢筋截面积的1.2倍(HPB 235级钢筋)和1.5倍(HRB 335、HRB 400、RRB 400级钢筋)。帮条宜采用与被焊钢筋同钢种、直径的钢筋,并使两帮条的轴线与被焊钢筋的中心处于同一平面内,如和被焊钢筋级别不同时,应按钢筋设计强度进行换算。 (3)搭接焊亦应采用双面焊,在操作位置受阻时才采用单面焊。 (4)钢筋坡口加工宜采用氧乙炔焰切割或锯割,不得采用电弧切割。 (5)钢筋坡口焊应采取对称、等速施焊和分层轮流施焊等措施,以减少变形。 (6)焊条使用前应检查药皮厚度,有无脱落,如受潮,应先在100~350℃下烘1~3h或在阳光下晒干。 (7)中碳钢焊缝厚度大于5mm时,应分层施焊,每层厚4~5mm。低碳钢和20锰钢焊接层数无严格规定,可按焊缝具体情况确定。 (8)要注意调节电流,焊接电流过大,容易咬肉、飞溅、焊条发红;电流过小,则电流不稳定,会出现夹渣或未焊透现象。

续上表

项 目	说 明
注意事项	(9)引弧时应从帮条或搭接钢筋的一端开始；收弧时应在帮条或搭接钢筋的端头上。第一层应有足够的熔深，主焊缝与定位缝结合应良好，焊缝表面应平顺，弧坑应填满。 (10)负温条件下进行 HRB 335、HRB 400、RRB 400 级钢筋焊接时，应加大焊接电流（较夏季增大 10% ~15%），减缓焊接速度，使焊件减小温度梯度并延缓冷却，同时从焊件中部起弧，逐步向端部运弧，或在中间先焊一段焊缝，以使焊件预热，减小温度梯度

6-3-4 焊接接头质量检验

焊接接头质量检验，见表 6-8。

焊接接头质量检验　表 6-8

项 目	说 明
取样数量	电弧焊接头的质量检验，应分批进行外观检查和力学性能检验，并应按下列规定作为一个检验批： (1)在现浇混凝土结构中，应以 300 个同牌号钢筋、同型式接头作为一批；在房屋结构中，应在不超过二楼层中 300 个同牌号钢筋、同型式接头作为一批。每批随机切取 3 个接头，做拉伸试验。 (2)在装配式结构中，可按生产条件制作模拟试件，每批 3 个，做拉伸试验。 (3)钢筋与钢板电弧搭接焊接头可只进行外观检查。 注：在同一批中若有几种不同直径的钢筋焊接接头，应在最大直径钢筋接头中切取 3 个试件。以下电渣压力焊接头、气压焊接头取样均同。
外观检查	钢筋电弧焊接头外观检查结果，应符合下列要求： (1)焊缝表面应平整，不得有凹陷或焊瘤。 (2)焊接接头区域不得有裂纹。 (3)焊接接头尺寸的允许偏差及咬边深度、气孔、夹渣等缺陷允许值，应符合表 6-8-1 的规定。

钢筋电弧焊接头尺寸偏差及缺陷允许值　表 6-8-1

名 称	单位	接头形式		
		帮条焊	搭接焊	坡口焊 熔槽帮条焊
帮条沿接头中心线的纵向偏移	mm	$0.3d$	—	—
接头处弯折角	°	3	3	3
接头处钢筋轴线的偏移	mm	$0.1d$	$0.1d$	$0.1d$

续上表

<table>
<tr><th>项 目</th><th colspan="6">说 明</th></tr>
<tr><td></td><td colspan="6" align="right">续表 6-8-1</td></tr>
<tr><td rowspan="12">外观检查</td><td colspan="2" rowspan="2">名 称</td><td rowspan="2">单位</td><td colspan="3">接 头 形 式</td></tr>
<tr><td>帮条焊</td><td>搭接焊</td><td>坡口焊
熔槽帮条焊</td></tr>
<tr><td colspan="2">焊缝厚度</td><td>mm</td><td>$^{+0.05d}_{0}$</td><td>$^{+0.05d}_{0}$</td><td>—</td></tr>
<tr><td colspan="2">焊缝宽度</td><td>mm</td><td>$^{+0.1d}_{0}$</td><td>$^{+0.1d}_{0}$</td><td>—</td></tr>
<tr><td colspan="2">焊缝长度</td><td>mm</td><td>$-0.3d$</td><td>$-0.3d$</td><td>—</td></tr>
<tr><td colspan="2">横向咬边深度</td><td>mm</td><td>0.5</td><td>0.5</td><td>0.5</td></tr>
<tr><td rowspan="2">在长 $2d$ 焊缝表面上的气孔及夹渣</td><td>数量</td><td>个</td><td>2</td><td>2</td><td>—</td></tr>
<tr><td>面积</td><td>mm^2</td><td>6</td><td>6</td><td>—</td></tr>
<tr><td rowspan="2">在全部焊缝表面上的气孔及夹渣</td><td>数量</td><td>个</td><td>—</td><td>—</td><td>2</td></tr>
<tr><td>面积</td><td>mm^2</td><td>—</td><td>—</td><td>6</td></tr>
<tr><td colspan="6">注：d 为钢筋直径。</td></tr>
<tr><td>拉伸试验</td><td colspan="6">钢筋电弧焊接头拉伸试验结果，应符合下列要求：
(1)3 个热轧钢筋接头试件的抗拉强度均不得小于该级别钢筋规定的抗拉强度。
(2)3 个接头试件均应断于焊缝之外，并应至少有 2 个试件呈延性断裂。
当试验结果中有一个试件的抗拉强度小于规定值，或有 1 个试件断于焊缝，或有 2 个试件发生脆性断裂时，应再取 6 个试件进行复验。复验结果当有一个试件抗拉强度小于规定值，或有一个试件断于焊缝，或有 3 个试件呈脆性断裂时，应确认该批接头为不合格品。
模拟试件试验结果不符合要求时，复验应再从成品中切取，其数量和要求应与初始试验时相同</td></tr>
</table>

6-4 钢筋电弧点焊

钢筋电阻点焊是将两根钢筋安放成交叉叠接形式，压紧于两电极之间，利用电阻热熔化母材金属，加压形成焊点的一种压焊方法。

6-4-1 机具设备

电弧点焊机具设备，见表 6-9。

电弧点焊机具设备 表 6-9

项目	说明
单头点焊机	单头点焊机的技术性能见表 6-9-1。图 6-7 示出 DN_3—75 型气压传动式点焊机。

常用点焊机技术性能 表 6-9-1

<table>
<tr><th rowspan="2">项次</th><th rowspan="2" colspan="2">项　目</th><th rowspan="2">单位</th><th colspan="6">焊 机 型 号</th></tr>
<tr><th colspan="2">SO232A</th><th colspan="2">SO432A</th><th>DN_3—75</th><th>DN_3—100</th></tr>
<tr><td>1</td><td colspan="2">传动方式</td><td></td><td colspan="6">气 压 传 动 式</td></tr>
<tr><td>2</td><td colspan="2">额定容量</td><td>kVA</td><td colspan="2">17</td><td colspan="2">21</td><td>75</td><td>100</td></tr>
<tr><td>3</td><td colspan="2">额定电压</td><td>V</td><td colspan="2">380</td><td colspan="2">380</td><td>380</td><td>380</td></tr>
<tr><td>4</td><td colspan="2">额定暂载率</td><td>%</td><td colspan="2">50</td><td colspan="2">50</td><td>20</td><td>20</td></tr>
<tr><td>5</td><td colspan="2">初级额定电流</td><td>A</td><td colspan="2">45</td><td colspan="2">82</td><td>198</td><td>263</td></tr>
<tr><td>6</td><td colspan="2">较小钢筋最大直径</td><td>mm</td><td colspan="2">8 ~ 10</td><td colspan="2">10 ~ 12</td><td>8 ~ 10</td><td>10 ~ 12</td></tr>
<tr><td>7</td><td colspan="2">每小时最大焊点数</td><td>点/h</td><td colspan="2">900</td><td colspan="2">1 800</td><td>3 000</td><td>1 740</td></tr>
<tr><td>8</td><td colspan="2">次级电压调节范围</td><td>V</td><td colspan="2">1.8 ~ 3.6</td><td colspan="2">2.5 ~ 4.6</td><td>3.33 ~ 6.66</td><td>3.65 ~ 7.3</td></tr>
<tr><td>9</td><td colspan="2">次级电压调节级数</td><td>级</td><td colspan="2">6</td><td colspan="2">8</td><td>8</td><td>8</td></tr>
<tr><td>10</td><td colspan="2">电极臂有效伸长距离</td><td>mm</td><td>230</td><td>550</td><td>500</td><td>800</td><td>800</td><td>800</td></tr>
<tr><td rowspan="2">11</td><td rowspan="2">上电级</td><td>工作行程</td><td rowspan="2">mm</td><td rowspan="2">10 ~ 40</td><td rowspan="2">22 ~ 89</td><td rowspan="2">40 ~ 120</td><td rowspan="2">56 ~ 170</td><td>20</td><td>20</td></tr>
<tr><td>辅助行程</td><td>80</td><td>80</td></tr>
<tr><td>12</td><td colspan="2">电极间最大压力</td><td>kN</td><td>2.64</td><td>1.18</td><td>2.76</td><td>1.95</td><td>6.5</td><td>6.5</td></tr>
<tr><td>13</td><td colspan="2">电极臂间距离</td><td>mm</td><td colspan="2"></td><td colspan="2">190 ~ 310</td><td>380 ~ 530</td><td></td></tr>
<tr><td>14</td><td colspan="2">下电极臂垂直调节</td><td>mm</td><td colspan="2">190 ~ 310</td><td colspan="2">150</td><td>150</td><td>150</td></tr>
<tr><td rowspan="2">15</td><td rowspan="2">压缩空气</td><td>压　力</td><td>MPa</td><td colspan="2">0.6</td><td colspan="2">0.6</td><td>0.55</td><td>0.55</td></tr>
<tr><td>消耗量</td><td>m^3/h</td><td colspan="2">2.15</td><td colspan="2">1</td><td>15</td><td>15</td></tr>
<tr><td>16</td><td colspan="2">冷却水消耗量</td><td>L/h</td><td colspan="2">160</td><td colspan="2">160</td><td>400</td><td>700</td></tr>
<tr><td>17</td><td colspan="2">质量</td><td>kg</td><td colspan="2">160</td><td colspan="2">225</td><td>800</td><td>850</td></tr>
<tr><td rowspan="3">18</td><td rowspan="3">外形尺寸</td><td>长</td><td>mm</td><td colspan="2">765</td><td colspan="2">860</td><td>1 610</td><td>1 610</td></tr>
<tr><td>宽</td><td>mm</td><td colspan="2">400</td><td colspan="2">400</td><td>730</td><td>730</td></tr>
<tr><td>高</td><td>mm</td><td colspan="2">1 405</td><td colspan="2">1 405</td><td>1 460</td><td>1 460</td></tr>
</table>

续上表

<table>
<tr><th>项目</th><th>说明</th></tr>
<tr><td>单头点焊机</td><td>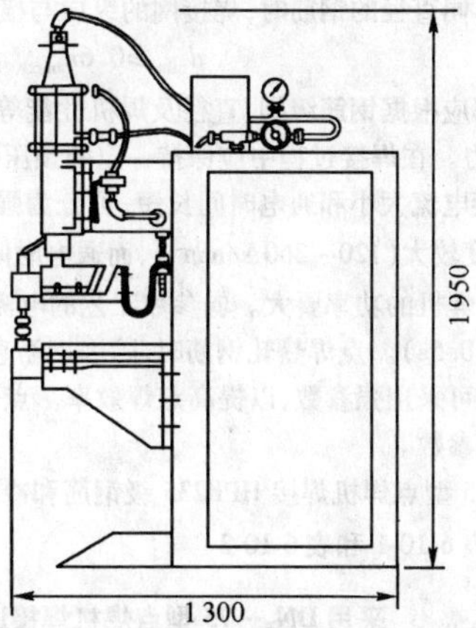

图 6-7　DN_3—75 型气压传动式点焊机</td></tr>
<tr><td>钢筋焊接网成型机</td><td>钢筋焊接网成型机是钢筋焊接网生产线的专用设备，采用微机控制。能焊接的总宽度不大于 3.4m、总长度不大于 12m 的钢筋网。GWC 系列钢筋焊接网成型机的技术性能，见表 6-9-2。

GWC 系列钢筋网成型机主要技术性能　表 6-9-2
<table>
<tr><th colspan="2">型号</th><th>GWC1250</th><th>GWC1650</th><th>GWC2400</th><th>GWC3300</th></tr>
<tr><td colspan="2">最大网宽(mm)</td><td>1 300</td><td>1 700</td><td>2 600</td><td>3 400</td></tr>
<tr><td colspan="2">焊接钢筋直径(mm)</td><td>1.5～4</td><td>2～8</td><td>4～12</td><td>4～12</td></tr>
<tr><td rowspan="2">网格宽度(mm)</td><td>纵向</td><td>≥50</td><td>≥50</td><td>≥100</td><td>≥100</td></tr>
<tr><td>横向</td><td>≥20</td><td>≥50</td><td>≥50</td><td>≥50</td></tr>
<tr><td colspan="2">工作频率(1/min)</td><td>30～90</td><td>40～100</td><td>40～100</td><td>40～100</td></tr>
<tr><td colspan="2">焊点数(点)</td><td>≥26</td><td>≥34</td><td>≥26</td><td>≥34</td></tr>
</table></td></tr>
</table>

6-4-2　焊接工艺

电弧点焊焊接工艺，见表 6-10。

电弧点焊焊接工艺　表 6-10

<table>
<tr><th>项目</th><th>说明</th></tr>
<tr><td>工艺要点</td><td>点焊过程可分为预压、通电、锻压三个阶段。在通电开始一段时间内，接触点扩大，固态金属因加热膨胀，在焊接压力作用下，焊接处金属产生塑性变形，并挤向工件间隙缝中；继续加热后，开始出现熔化点，在逐渐扩大成所要求的核心尺寸时切断电流。
焊点的压入深度，应符合下列要求：
(1)热轧钢筋点焊时，压入深度为较小钢筋直径的 25%～45%。
(2)冷拔光圆钢丝、冷轧带肋钢筋点焊时，压入深度应为较小钢筋直径的 25%～40%</td></tr>
</table>

续上表

项　目	说　　明

(1)当焊接不同直径的钢筋时,焊接网的纵向与横向钢筋的直径应符合下式要求:

$$d_{\min} \geqslant 0.6 d_{\max} \tag{6-1}$$

(2)电阻点焊应根据钢筋级别、直径及焊机性能等,合理选择变压器级数、焊接通电时间和电极压力。在焊接过程中应保持一定的预压时间和锻压时间。

(3)根据焊接电流大小和通电时间长短,可分为强参数工艺和弱参数工艺。强参数工艺的电流强度较大(120~360A/mm^2),而通电时间很短(0.1~0.5s);这种工艺的经济效果好,但点焊机的功率要大。弱参数工艺的电流强度较小(80~160A/mm^2),而通电时间较长(>0.5s)。点焊热轧钢筋时,除因钢筋直径较大而焊机功率不足需采用弱参数外,一般都可采用强参数,以提高点焊效率。点焊冷处理钢筋时,为了保证点焊质量,必须采用强参数。

采用 DN_3—75 型点焊机焊接 HPB235 级钢筋和冷拔光圆钢丝时,焊接通电时间和电极压力分别见表 6-10-1 和表 6-10-2

点焊参数

采用 DN_3—75 型点焊机焊接通电时间(s)　　表 6-10-1

变压器级数	较小钢筋直径(mm)							
	3	4	5	6	8	10	12	14
1	0.08	0.10	0.12					
2	0.05	0.06	0.07					
3				0.22	0.70	1.50		
4				0.20	0.60	1.25	2.50	4.00
5					0.50	1.00	2.00	3.50
6					0.40	0.75	1.50	3.00
7						0.50	1.20	2.50

注:点焊 HRB335 级钢筋或冷轧带肋钢筋时,焊接通电时间可延长 20%~25%。

采用 DN_3—75 型点焊机电极压力　　表 6-10-2

较小钢筋直径(mm)	HPB235 级钢筋冷拔光圆钢丝	HRB335 级钢筋冷轧带肋钢筋
3	980~1 470	—
4	980~1 470	1 470~1 960
5	1 470~1 960	1 960~2 450
6	1 960~2 450	2 450~2 940
8	2 450~2 940	2 940~3 430
10	2 940~3 920	3 430~3 920
12	3 430~4 410	4 410~4 900
14	3 920~4 900	4 900~5 880

6-4-3 钢筋焊接网质量检验

成品钢筋焊接网进场时,应按批抽样检验。钢筋焊接网质量检验,见表6-11。

钢筋焊接网质量检验 表6-11

项 目	说 明
取样数量	每批钢筋焊接网应由同一厂家生产的、受力主筋为同一直径、同一级别的焊接网组成,质量不应大于20t。 每批焊接网外观质量和几何尺寸的检验,应抽取5%的网片,且不得少于3片。 钢筋焊接网的焊点应作力学性能试验。在每批焊接网中,应随机抽取一张网片,在纵、横向钢筋上各截取2根试件,分别进行拉伸和冷弯试验;并在同一根非受拉钢筋上随机截取3个抗剪试件。试件的尺寸见图6-8。 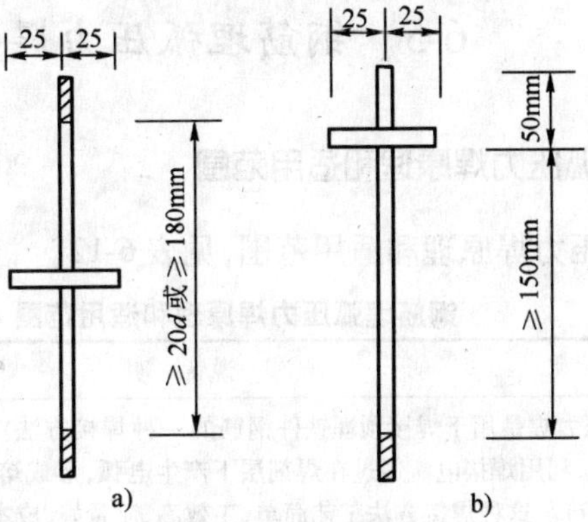 图6-8 钢筋焊接网试件 a)拉伸试件;b)抗剪试件 力学性能试件,应从成品中切取,切取过试件的制品,应补焊同级别、同直径钢筋,其每边搭接的长度不应小于2个孔格的长度
外观检查	焊接网外观质量检查结果,应符合下列要求: (1)钢筋交叉点开焊数量不得超过整个网片交叉点总数的1%,并且任一根钢筋上焊点数不得超过该根钢筋上交叉点总数的50%。焊接网最外边钢筋上的交叉点不得开焊。 (2)焊接网表面不得有油渍及其他影响使用的缺陷,可允许有毛刺、表面浮锈。 (3)焊接网几何尺寸的允许偏差:对网片的长度、宽度为±25mm;对网格的长度、宽度为±10mm。当需方有要求时,经供需双方协商,焊接网片长度允许偏差可取±10mm

续上表

项目	说明
力学性能试验	(1)抗剪试验时,应采用能悬挂于试验机上专用的抗剪试验夹具。抗剪试验结果,3个试件抗剪力的平均值应符合下式计算的抗剪力: $$F \geqslant 0.3 \times A_0 \times \sigma_s \quad (6\text{-}2)$$ 式中:F——抗剪力(kN); A_0——较大钢筋的横截面积(mm^2); σ_s——该级别钢筋的屈服强度(MPa)。 当抗剪试验不合格时,应在取样的同一横向钢筋上所有交叉焊点取样检查;当全部试件平均值合格时,应确认该批焊接网为合格品。 (2)拉伸试验与弯曲试验方法,与常规方法相同。试验结果应符合该级别钢筋的力学性能指标;如不合格,则应加倍取样进行不合格项目的检验。复验结果全部合格时,该批钢筋网方可判定为合格

6-5 钢筋埋弧压力焊

6-5-1 钢筋埋弧压力焊原理和适用范围

钢筋埋弧压力焊原理和适用范围,见表6-12。

钢筋埋弧压力焊原理和适用范围　表6-12

项目	说明
原理	埋弧压力焊是用于焊接预埋铁件钢筋的一种焊接方法。它是将钢筋与钢板安放成T型形式,利用焊接电流通过在焊剂层下产生电弧,形成熔池,加压完成的一种压焊方法(图6-9)。这种焊接方法工艺简单、工效高、质量好、成本低。 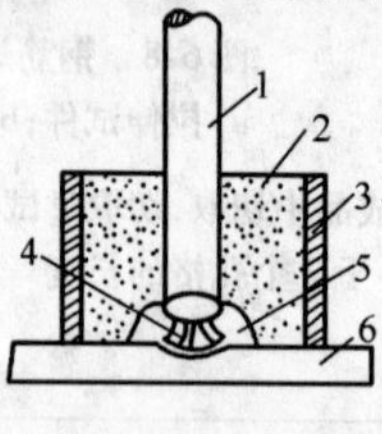 图6-9 埋弧压力焊 1-钢筋;2-焊剂;3-挡圈;4-电弧;5-空腔;6-钢板
适用范围	埋弧压力焊可用于直径为6~25mm的HPB235级、HRB335级钢筋与钢板的焊接,钢板的牌号为Q235,厚6~20mm(钢板厚薄与钢筋粗细相匹配)

6-5-2 焊接工艺

埋弧压力焊焊接工艺,见表6-13。

埋弧压力焊焊接工艺 表 6-13

项目	说明
焊接设备	见下文

项目：焊接设备

埋弧压力焊的焊接电源宜采用 BX_3—500 型或 BX_3—500 型弧焊变压器。

(1)手工埋弧压力焊机由焊接机架、工作平台和焊接机头组成,见图 6-10。焊机的立柱可上下调整,以便于预埋件中不同长度钢筋的焊接;工作平台上放置被焊钢板,并在相应部位处装有电压表、电流表、时间显示器,以观察二次电压(空载电压、电弧电压)、焊接电流、焊接通电时间。焊接电缆与钢板电极连接时,宜采取对称接地,以减少电弧偏吹,使接头形成良好。焊剂宜采用 HJ431 型。

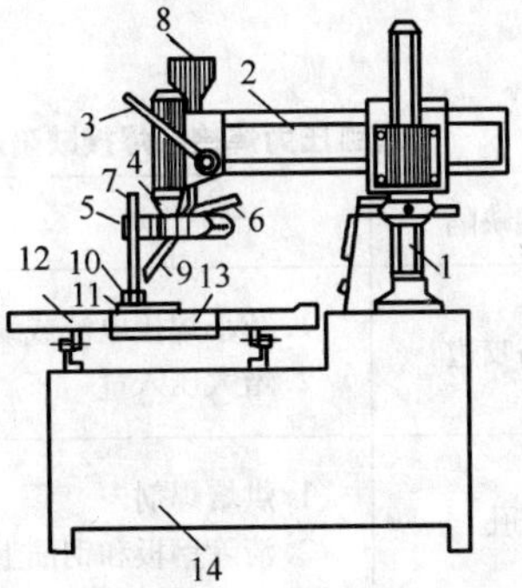

图 6-10 手工埋弧压力焊机

1-立柱;2-摇臂;3-操作手柄;4-焊接机头;5-钢筋夹钳;6-夹钳手柄;7-钢筋;8-焊剂斗;9-焊剂下料管;10-焊剂盒;11-钢板;12-可移动的工作台面;13-电磁吸盘;14-机架

(2)自动埋弧压力焊机是在手工埋弧压力焊机的基础上,增加带有延时调节器的自动控制系统的焊机。

项目：焊接参数

埋弧压力焊的焊接参数应包括引弧提升高度、电弧电压、焊接电流、焊接通电时间等。当采用 500 型焊接变压器时,焊接参数应符合表 6-13-1 的规定;当采用 1000 型焊接变压器时,可选用大电流、短时间的强参数埋弧压力焊焊接法。

埋弧压力焊焊接参数 表 6-13-1

钢筋级别	钢筋直径(mm)	引弧提升高度(mm)	电弧电压(V)	焊接电流(A)	焊接通电时间(s)
HPB 235 级	6	2.5	30 ~ 35	400 ~ 450	2
	8			500 ~ 600	3
HRB 335 级	10			500 ~ 650	5
	12	3.0			8
	14	3.5			15
	16		30 ~ 40		22
	18				30
	20				33
	22	4.0			36
	25				40

续上表

项目	说明
工艺要点	(1)采用手工埋弧压力焊时,接通焊接电源后,立即将钢筋上提 2.5 ~ 4.0mm,引燃电弧。随后,根据钢筋直径大小,适当延时,或者继续缓慢提升 3 ~ 4mm,再渐渐小送,使钢筋端部和钢板熔化,待经过一定时间后,迅速顶压。 (2)采用自动埋弧压力焊时,在引弧之后,根据钢筋直径大小,延续一定时间进行熔化;随后及时顶压。 (3)焊工应自检,当发现焊接缺陷时,宜按表 6-13-2 查找原因和采取措施,及时消除隐患。

埋弧压力焊接头焊接缺陷及消除措施 表 6-13-2

项次	焊接缺陷	消除措施
1	钢筋咬边	1. 减小焊接电流或缩短焊接时间 2. 增大压入量
2	气孔	1. 烘焙焊剂 2. 清除钢板和钢筋上的铁锈、油污
3	夹渣	1. 清除焊剂中熔渣等杂物 2. 避免过早切断焊接电流 3. 加快顶压速度
4	未焊合	1. 增大焊接电流,增加焊剂通电时间 2. 适当加大顶压力
5	焊包不均匀	1. 保证焊接地线的接触良好 2. 使焊接处对称导电
6	钢板焊穿	1. 减小焊接电流或减少焊接通电时间 2. 避免钢板局部悬空
7	钢筋淬硬脆断	1. 减小焊接电流,延长焊接时间 2. 检查钢筋化学成分
8	钢板凹陷	1. 减小焊接电流,延长焊接时间 2. 减小顶压力,减小压入量

6-5-3 质量检验

埋弧压力焊接头质量检验,见表 6-14。

埋弧压力焊接头质量检验 表6-14

项 目	说 明
取样数量	(1)预埋件钢筋T字接头的外观检查,应从同一台班内完成的同一类型预埋件中抽查10%,且不得少于10件。 (2)当进行力学性能试验时,应以300件同类型预埋件作为一批。一周内连续焊接时,可累计计算。当不足300件时,也应按一批计算。应从每批预埋件中随机切取3个试件进行拉伸试验。 (3)试件尺寸见图6-11。如果从成品中切取的试件尺寸过小,不能满足试验要求时,可按生产条件制作模拟试件。 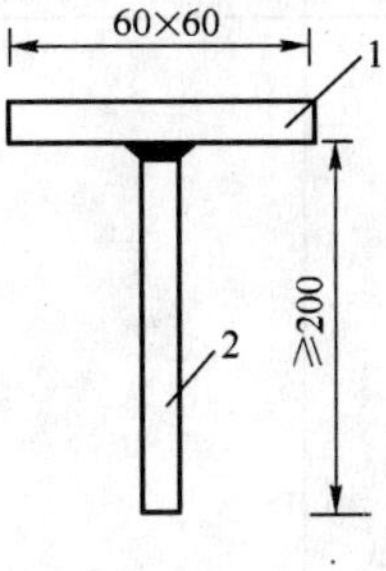 图6-11 预埋件T型接头拉伸试件 1-钢板;2-钢筋
外观检查	外观检查结果应符合下列要求: (1)四周焊包凸出钢筋表面的高度应不小于4mm。 (2)钢筋咬边深度不得超过0.5mm。 (3)与钳口接触处钢筋表面应无明显烧伤。 (4)钢板应无焊穿,根部应无凹陷现象。 (5)钢筋相对钢板的直角偏差不得大于4°。 (6)钢筋间距偏差不应大于10mm
拉伸试验	预埋件T字接头3个试件拉伸试验结果,其抗拉强度应符合下列要求: (1)HPB235级钢筋接头均不得小于350MPa。 (2)HRB335级钢筋接头均不得小于490MPa。 当试验结果有1个试件的抗拉强度小于规定值时,应再取6个试件进行复验。复验结果仍有1个试件的抗拉强度小于规定值时,应确认该批接头为不合格品。对于不合格品采取补强焊接后,可提交二次验收

6-6 钢筋电渣压力焊

6-6-1 钢筋电渣压力焊原理与适用范围

钢筋电渣压力焊原理与适用范围,见表6-15。

钢筋电渣压力焊原理与适用范围 表6-15

项 目	说 明
原理	电渣压力焊是将钢筋的待焊端部置于焊剂的包围之中,通过引燃电弧加热,最后在断电的同时,迅速将钢筋进行顶压,使上、下钢筋焊接成一体的一种焊接方法(图6-12)。

续上表

项 目	说 明
原理	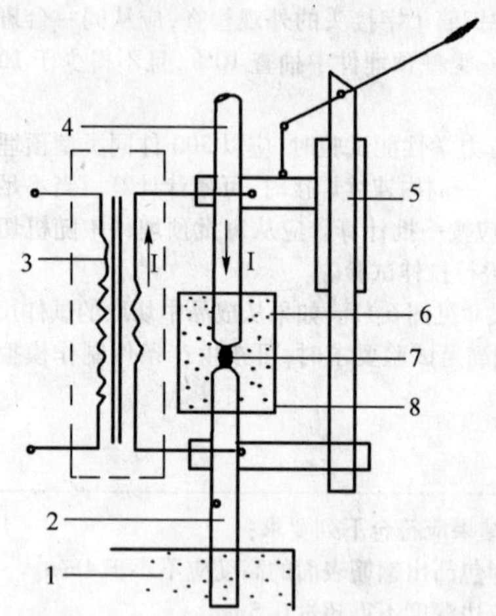 图 6-12　钢筋电渣压力焊焊接原理示意图 1-混凝土;2-下钢筋;3-焊接电源;4-上钢筋;5-焊接夹具;6-焊剂盒;7-铁丝球;8-焊剂
适用范围	电渣压力焊属于熔化压力焊范畴,适用于直径 14 ~ 40mm 的 HPB235、HRB335、HRB400 级竖向钢筋的连接,但直径 28mm 以上钢筋的焊接技术难度较大。最近试制成功的全自动电渣压力焊机,可排除人为因素干扰,使钢筋的焊接质量更有保障。电渣压力焊不适用于水平钢筋或倾斜钢筋(斜率大于 4:1)的连接,也不适用于可焊性差的钢筋。对焊工水平低、供电条件差(电压不稳等)、雨季或防火要求高的场合应慎用

6-6-2 机具设备

电渣压力焊接设备主要由焊接电源、焊接机头和控制箱等部分组成,详见表 6-16。

电渣压力焊机具设备　　表 6-16

项 目	说 明
焊接电源	交流、直流电源均可,容量应根据所焊钢筋的直径选定。一般可选用 BX—500 ~ 1 000电焊机,也可选用 JSD—600 型或 JSD—1 000 型专用电源,其性能见表 6-16-1。

电渣压力焊电源性能指针表　　表 6-16-1

项目	单位	JSD—600	JSD—1 000
电源电压	V	380	380
相数	相	1	1

续上表

项　目	说　明

焊接电源

续表 6-16-1

项目	单位	JSD—600	JSD—1 000
输入容量	KVA	45	76
空载电压	V	80	78
负载持续率	%	60/35	60/35
初级电流	A	116	196
次级电流	A	600/750	1 000/1 200
次级电压	V	22 ~ 45	22 ~ 45
焊接钢筋直径	mm	14 ~ 32	22 ~ 40

当焊接钢筋直径大于 32mm 时，应采用 BX—1 000 型电焊机或 JSD—1 000 型专用电源。一台焊接电源可供几个焊接机头交替用电。空载电压应≥75V，以利于引弧。

焊接机头与控制箱

焊接机头是钢筋电渣压力焊接的关键部件，因此，应满足以下要求：

(1)小巧、轻便，对密集钢筋或高空作业有较强的适应性。

(2)监控手段齐全，易于掌握，以减少失误。

(3)对中迅速准确，能保证焊接质量的稳定性。

焊接机头与控制箱因焊接设备不同而有所区别，现分别介绍如下：

1. 手动电渣压力焊接设备

手动电渣压力焊接设备(包括半自动电渣压力焊接设备)，其焊接过程均由操作工人手动来完成(半自动电渣压力焊接设备与手动焊接设备的主要区别只是增置了一些监控资料仪表等)，见图 6-13。

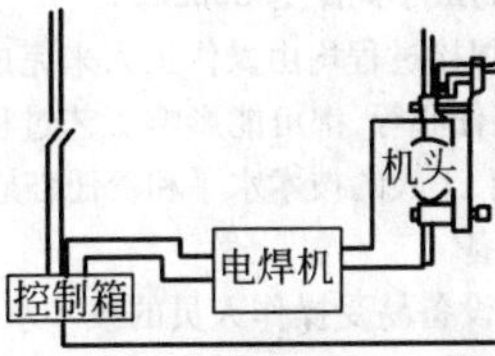

图 6-13　手动电渣压力焊焊接设备

(1)杠杆式单柱焊接机头

由上夹头(活动夹头)、下夹头(固定夹头)、单导柱、焊剂盒、手柄等组成(图 6-14)。操作时，将上夹头固定在下钢筋上，利用手动杠杆使上夹头沿单导柱上、下滑动，以控制上钢筋的位置与间隙。机头的夹紧装置具有微调机构，可保证钢筋的同心度。此外，在半自动焊接机头上装置有监控仪表，可按仪表显示的资料对焊接过程进行监控。

LDZ 型半自动竖向电渣压力焊机即属于这种类型。

(2)丝杠传动式双柱焊接机头

由上夹头、下夹头、双导柱、升降丝杠、夹紧装置、手柄、伞齿轮箱、操作盒及熔剂盒等组成(图 6-15)。

续上表

项　目	说　　明
焊接机头与控制箱	（见下文）

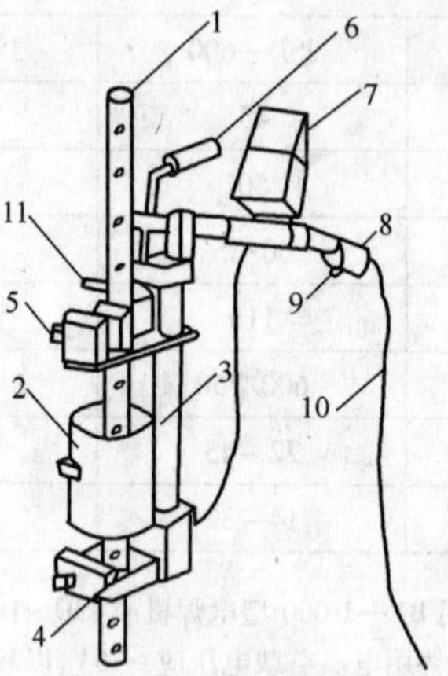

图 6-14　杠杆式单柱焊接机头示意图
1-钢筋；2-焊剂盒；3-单导柱；4-下夹头；5-上夹头；6-手柄；7-监控仪表；8-操作手把；9-开关；10-控制电缆；11-插座

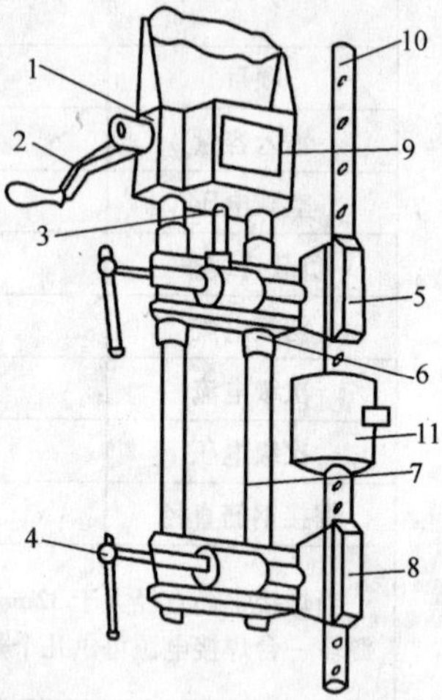

图 6-15　丝杠传动式双柱焊接机头示意图
1-伞形齿轮箱；2-手柄；3-升降丝杠；4-夹紧装置；5-上夹头；6-导管；7-双导柱；8-下夹头；9-操作盒；10-钢筋；11-熔剂盒

操作时，由手柄、伞齿轮及升降丝杠控制上夹头沿双导柱滑动升降。由于该机构利用丝杠螺母的自锁特性及传动比为1∶80，因此，上钢筋不仅定位精度高，卡装钢筋后无需调整对中度；而且操作比较省力。MH—36 型竖向钢筋电渣压力焊机即属于这种类型，机头重 8kg，竖向钢筋的最小间距为 60mm。

由于手动电渣压力焊的焊接过程均由操作工人来完成，因而，操作工人的技术熟练程度、身体状况、情绪高低、责任心等，都可能影响工艺过程的稳定，而最终影响焊接质量。因此，手动焊接的设备性能、工人的技术水平和责任心是保证焊接质量的三大要素。

2. 自动电渣压力焊接设备

针对手动电渣压力焊接设备易受操作人员的技术水平、责任心以及操作环境等方面的影响，存在工艺稳定性差的弱点，近年来，我国一些单位先后开发研制了模拟式自动钢筋电渣压力焊控制系统、数字式自动钢筋电渣压力焊控制系统以及智能化自动钢筋电渣压力焊控制系统等自动电渣压力焊接设备，见图 6-16。

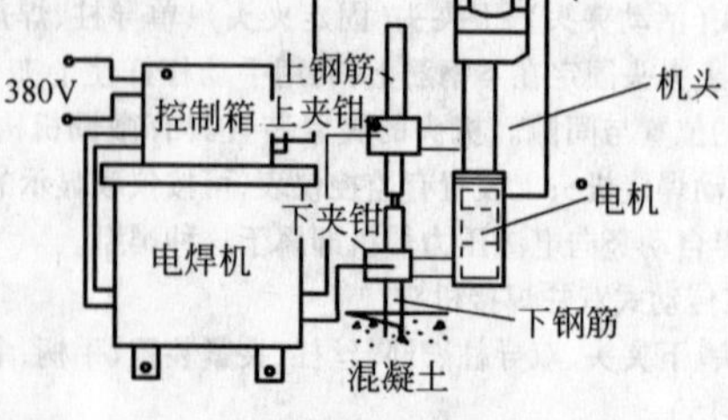

图 6-16　自动电渣压力焊焊接设备

项 目	说 明
焊接机头与控制箱	(1)模拟式自动钢筋电渣压力焊控制系统 该系统电路完全采用模拟控制手段,在控制箱的面板上设有电源开关、指示灯和调整焊接参数的电位器旋钮等。操作时,根据不同的钢筋直径,将旋钮调整到需要的位置,装卡钢筋后,启动开关按钮,焊接过程即可自动完成。该系统的工作原理见图6-17。 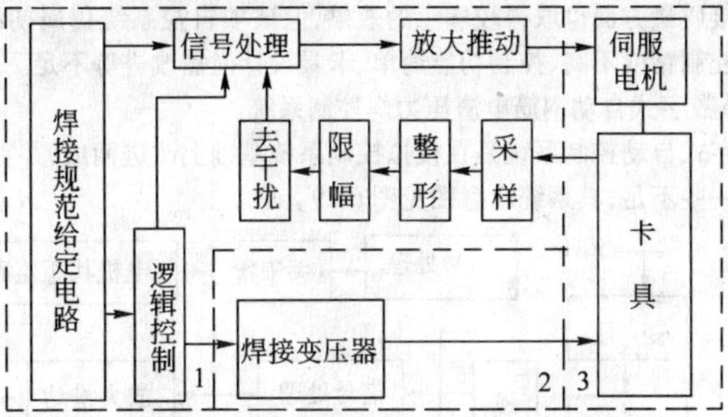 图6-17　模拟式自动电渣压力焊接控制系统示意图 1-控制箱;2-焊接电源;3-焊接卡具 该控制系统按照焊接规范的要求,来决定不同直径钢筋焊接时的参数值。依靠逻辑控制电路完成焊接过程的逻辑判断及转换,以保证焊接过程顺利进行。由卡具反馈回来的焊接信号,经采样、整形、限幅、去干扰后,与给定焊接规范的要求相比较,得出偏差信号后,经放大推动伺服执行机构,调整上钢筋的位置,使焊接控制在最佳范围内。焊接卡具的构造见图6-18。 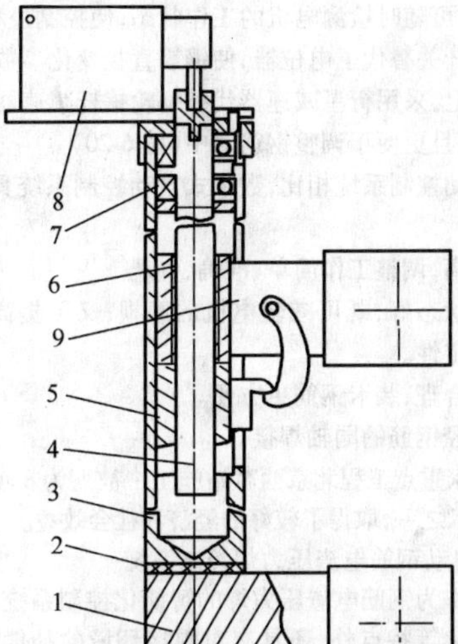 图6-18　自动焊接卡具构造示意图 1-下卡头;2-绝缘层;3-支柱;4-丝杠;5-传动螺母; 6-滑套;7-推力轴承;8-伺服电机;9-上卡头

续上表

<table>
<tr><th>项 目</th><th>说 明</th></tr>
<tr><td>焊接机头与控制箱</td><td>

图中,除上卡头、支柱和滑套外,7 为推力轴承,上、下各设一个,可实现丝杠的上、下定位;8 为伺服电机,经过一级蜗杆减速后,通过十字轴节与丝杠啮合。下卡头可作径向调整,以解决钢筋的对中和变径问题。

经实际考核,该自控系统工作可靠、焊接稳定性比手动设备有较大幅度的提高,在保证焊接质量方面也取得较满意的效果,但该项自控系统仍属初级自动化技术范围,尚存在控制精度不高、控制功能简单、卡具设计尚需改进等不足。

(2)数字式自动钢筋电渣压力焊控制系统。

数字式自动控制系统是在模拟控制系统基础上改进而成,并克服了模拟控制系统存在的一些不足,其系统示意图见图 6-19。

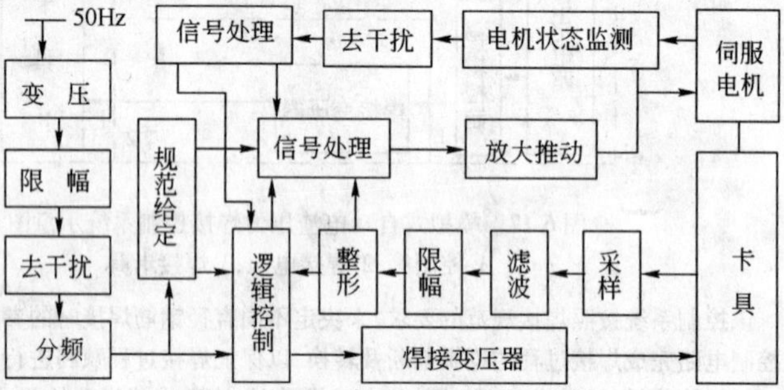

图 6-19 数字式自动电渣压力焊控制系统示意图

该控制系统除具有模拟控制系统的主要功能外,还增设了电机工作状态检测电路,在焊接过程中,可随时检测电机的工作状态,使控制过程更加稳定。另外,在控制箱面板上采用拨码开关替代了电位器,使钢筋直径变化参数更容易调整。

在卡具设计上,采用行星减速器代替蜗轮蜗杆减速器,使输出轴与电机同轴,不仅可使电机内置,而且更便于调整钢筋对中(图 6-20)。

与模拟式自动控制系统相比,数字式自动控制系统具有以下优点:

①控制精度高,调整工作简单、准确、直观。

②电机工作状态好,既可减轻电机的磨损;又可提高焊接工艺的稳定性。

③卡具设计合理,装卡钢筋更方便。

④可实现异径钢筋的同轴焊接。

该设备在国家重点工程北京西客站施工中被列为 8 项重点实施新技术之一,取得了较好的经济和社会效益。

(3)智能化自动钢筋电渣压力焊控制系统

利用计算机作为钢筋电渣压力焊的智能化控制系统,除具有全自动化等特点外,还具有对焊接环境的补偿、对焊接规范参数的记忆和修正,以及对意外情况的监控、记录、处理和报警等新功能。因而,不仅使焊接操作更为简便和可靠;而且,在控制精度和速度等方面也都有提高。目前,该控制系统处在最后研制阶段,不久即将推广应用

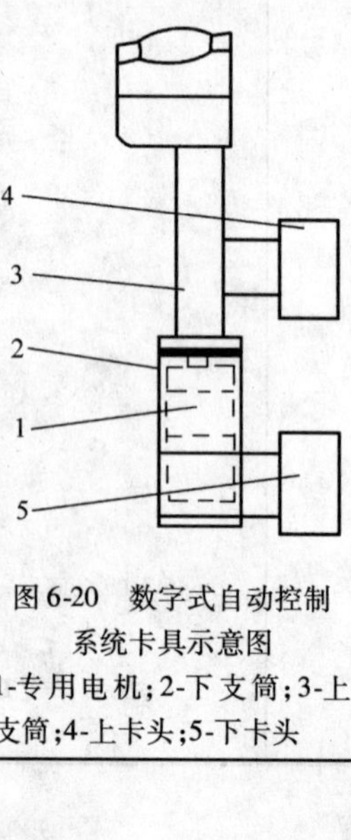

图 6-20 数字式自动控制系统卡具示意图

1-专用电机;2-下支筒;3-上支筒;4-上卡头;5-下卡头

</td></tr>
</table>

6-6-3 焊接工艺

电渣压力焊的焊接工艺，见表6-17。

电渣压力焊的焊接工艺 表6-17

<table>
<tr><th>项 目</th><th>说 明</th></tr>
<tr><td>焊接工艺</td><td>
焊接工艺一般分为引弧、电弧、电渣和顶压等四个过程(图6-21)。

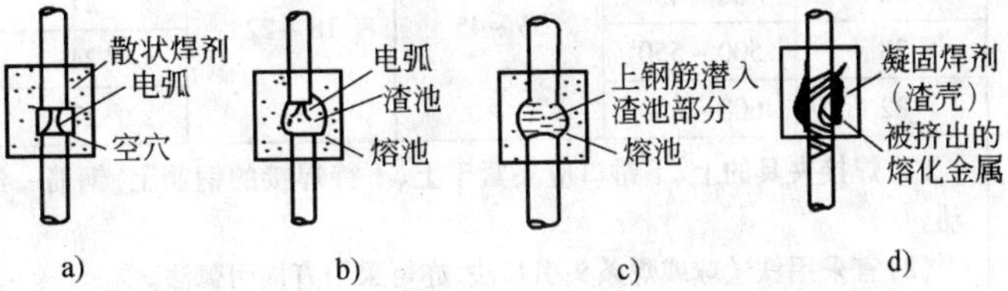

图6-21 竖向钢筋电渣压力焊工艺过程示意图
a)引弧过程；b)电弧过程；c)电渣过程；d)顶压过程

1.引弧过程
用焊接机头的夹具将上下钢筋的待焊接端部夹紧，并保持两钢筋的同心度，再在接合处放置直径不小于1cm的铁丝圈，使其与两钢筋端面紧密接触，然后，将焊剂灌入熔剂盒内，封闭后，接通电源，引燃电弧(图6-21a)。
2.电弧过程
引燃电弧后，产生的高温将接口周围的焊剂充分熔化，在气体弧腔作用下，使电弧稳定燃烧，将钢筋端部的氧化物烧掉，形成一个渣池(图6-21b)。
3.电渣过程
当渣池在接口周围达到一定的深度时，将上部钢筋徐徐插入渣池中(但不可与下部钢筋短路)。此时电弧熄灭，进入电渣过程。此过程中，通过渣池的电流加大，由于渣池电阻很大，因而产生较高的电阻热，渣池温度可升至2 000℃以上，将钢筋迅速均匀地熔化(图6-21c)。
4.顶压过程
当钢筋端头均匀熔化达到一定量时，立即进行顶压，将熔化的金属和熔渣从接合面挤出，同时切断电源(图6-21d)。顶压力一般为200～300N即可
</td></tr>
<tr><td>焊接参数选择</td><td>
竖向钢筋电渣压力焊的焊接参数包括：焊接电流、焊接电压和焊接通电时间等(见表6-17-1)。不同直径钢筋焊接时，应按较小直径钢筋选择焊接参数，焊接通电时间可适当延长。

电渣压力焊焊接参数表 表6-17-1

<table>
<tr><th rowspan="2">钢筋直径(mm)</th><th rowspan="2">焊接电流(A)</th><th colspan="2">焊接电压(V)</th><th colspan="2">焊接通电时间(s)</th></tr>
<tr><th>电弧过程 $U_{2.1}$</th><th>电渣过程 $U_{2.2}$</th><th>电弧过程 t_1</th><th>电渣过程 t_2</th></tr>
<tr><td>14</td><td>200～220</td><td rowspan="4">35～45</td><td rowspan="4">18～22</td><td>12</td><td>3</td></tr>
<tr><td>16</td><td>200～250</td><td>14</td><td>4</td></tr>
<tr><td>18</td><td>250～300</td><td>15</td><td>5</td></tr>
<tr><td>20</td><td>300～350</td><td>17</td><td>5</td></tr>
</table>
</td></tr>
</table>

续上表

<table>
<tr><th>项 目</th><th>说 明</th></tr>
<tr><td>焊接参数选择</td><td>
续表6-17-1
<table>
<tr><th rowspan="2">钢筋直径（mm）</th><th rowspan="2">焊接电流（A）</th><th colspan="2">焊接电压(V)</th><th colspan="2">焊接通电时间(s)</th></tr>
<tr><th>电弧过程 $U_{2.1}$</th><th>电渣过程 $U_{2.2}$</th><th>电弧过程 t_1</th><th>电渣过程 t_2</th></tr>
<tr><td>22</td><td>350 ~ 400</td><td rowspan="4">35 ~ 45</td><td rowspan="4">18 ~ 22</td><td>18</td><td>6</td></tr>
<tr><td>25</td><td>400 ~ 450</td><td>21</td><td>6</td></tr>
<tr><td>28</td><td>500 ~ 550</td><td>24</td><td>6</td></tr>
<tr><td>32</td><td>600 ~ 650</td><td>27</td><td>7</td></tr>
</table>
</td></tr>
<tr><td>工艺要点</td><td>(1)焊接夹具的上、下钳口应夹紧于上、下待焊接的钢筋上，钢筋一经夹紧，不得晃动。
(2)宜采用铁丝球或焊条头引弧法，亦可采用直接引弧法。
(3)引燃电弧后，应先进行电弧过程，然后，加快上钢筋的下送速度，使钢筋端面与液态渣池接触，转变为电渣过程，最后，在断电的同时，迅速下压钢筋，挤出熔化的金属和熔渣。
(4)焊接完毕，应在停歇断电后，方可回收焊剂和卸下焊接夹具，并敲去渣壳。焊缝四周的焊包应均匀，凸出钢筋表面的高度应大于或等于4mm</td></tr>
</table>

6-6-4 质量检查与验收

电渣压力焊的质量检查与验收，见表6-18。

电渣压力焊的质量检查与验收 表6-18

项 目	说 明
试样	电渣压力焊钢筋接头应逐个进行外观检查。当进行力学性能试验时，应从每批接头中随机切取3个试件做拉伸试验，抽取试件应按下列规定： (1)在现浇钢筋混凝土结构中，应以300个同牌号钢筋接头作为一批。 (2)在房屋结构中，应在不超过二楼层中300个同牌号钢筋接头作为一批，不足300个接头仍应作为一批。每批随机切取3个接头做拉伸试验。
外观检查	电渣压力焊钢筋接头外观检查应符合下列要求： (1)焊缝四周的焊包应均匀，凸出钢筋表面的高度应大于或等于4mm(图6-22)。 (2)钢筋与电极接触处，应无烧伤缺陷。 (3)接头处的弯折角不得大于3°。 (4)接头外的轴线偏移不得大于钢筋直径的0.1倍，且不得大于2mm。 外观检查不合格的接头应切除重焊，或采取补强焊接措施

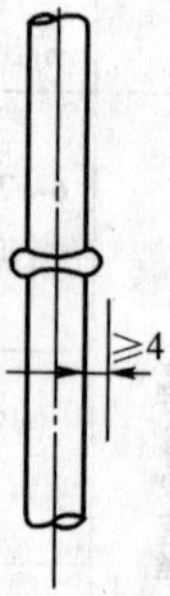

图6-22 钢筋电渣压力焊接头示意图

续上表

项　目	说　　明
拉伸试验	电渣压力焊钢筋接头的拉伸试验结果中,三个试样均不得低于该级别钢筋的抗拉强度标准值。当有一个试样的抗拉强度低于规定数值时,应取双倍数量的试样进行复验。如复验结果仍有一个试样的强度达不到规定要求,则该批接头为不合格品

6-7　钢筋气压焊技术

钢筋气压焊连接技术,是利用一定比例的氧气和乙炔火焰为热源,对两根待连接的钢筋端头进行加热,当其达到塑性状态时,对钢筋施加足够的轴向顶锻压力(30~40MPa),使两根钢筋牢固地对接在一起的施工方法。其连接原理:由于加热和加压使钢筋接合面附近的金属受到镦锻式压延,产生强烈的塑性变形,促使接合面之间的距离接近到原子之间的距离,实现原子间的互相嵌入扩散与键合,完成晶粒重新组合的再结晶,使两根钢筋形成牢固地对接。

钢筋气压焊有敞开式和闭式两种。敞开式气压焊,是将两根待接钢筋的端面加热时稍加离开,当加热到熔化温度,通过轴向加压使两根钢筋完成对接的一种方法,属熔化压力焊;闭式气压焊,是将两根待连接钢筋的端面加热时紧密闭合,当加热至1 200~1 250℃时,通过轴向加压使两根钢筋完成对接的一种方法,属固态压力焊。目前,常用的方法为闭式气压焊,故本节主要介绍闭式气压焊接技术。

闭式气压焊具有设备简单、操作方便、质量好、成本低等优点,适用于水平、竖向、倾斜等各种方向的HPB235~HRB335级、直径14~40mm钢筋的连接。当不同直径钢筋焊接时,其直径差不得大于7mm。对于热轧HRB400级钢筋中的20MnSiV和20MnSiTi亦可适用,但由于25MnSi钢筋的含碳量、含硅量较高,所以,不推荐使用。

6-7-1　焊接设备和材料

气压焊的焊接设备和材料,见表6-19。

气压焊的焊接设备和材料 表 6-19

项 目	说 明
焊接设备	钢筋气压焊接设备主要由供气装置(氧气和乙炔)、环管加热器、加压器和钢筋夹具等组成(图 6-23)。 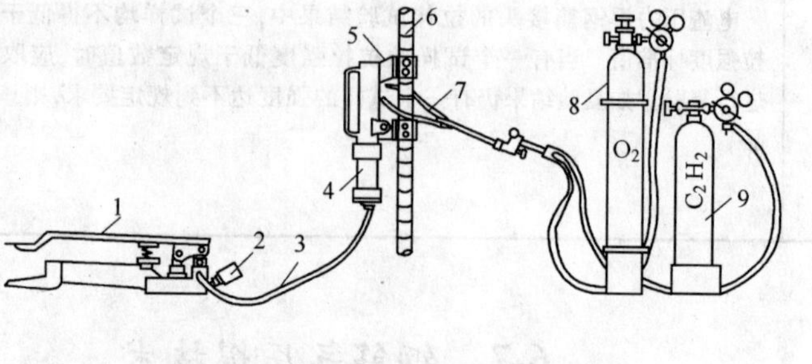 图 6-23 钢筋气压焊接设备组成示意图 1-液压泵;2-压力表;3-液压胶管;4-液压缸;5-钢筋夹具; 6-待焊接钢筋;7-环管加热器;8-氧气瓶;9-乙炔瓶 1. 供气装置 供气装置主要由氧气瓶、溶解乙炔气瓶(或中压乙炔发生器)、干式回火防止器、减压器、胶管等组成。 (1)氧气瓶 氧气瓶是用于储存和运输压缩气态氧(O_2)的钢瓶。氧气瓶的常用规格参数为:外径 219mm,高度 1 310mm,容积 40L,瓶内压力为 14.7MPa,储存氧气 $6m^3$。 (2)乙炔气瓶 乙炔气瓶是用于储存及运输溶解乙炔(C_2H_2)的特殊钢瓶,在瓶内填满浸渍丙酮的多孔性物质,其作用为防止气体爆炸和加速乙炔溶解于丙酮的过程。乙炔气瓶的常用规格参数为:外径 255 ~ 285mm,高度 925 ~ 950mm,容积 40L,储存乙炔气 $6m^3$,瓶内压力(当室温为 15℃)为 1.52MPa。乙炔气瓶必须垂直放置,当瓶内压力减低到 0.2MPa 时,应停止使用。在使用强功率多嘴环管加热器时,为了避免丙酮被大量带走,乙炔从瓶内输出的速度不应超过 $1.5m^3/h$,如供气不能满足要求时,可将两个乙炔气瓶并联使用。 氧气瓶和乙炔气瓶的使用,均应遵守国家劳动局发布的《气瓶安全监察规程》等有关规定。 (3)减压器 减压器是用于将气体从高压降至低压,并设有显示气体压力大小和同时具有稳压作用的装置。 QD—2A 型单级氧气减压器的高压额定压力为 15MPa,低压调节范围为 0.1 ~ 1.0MPa。 QD—20 型单级乙炔减压器的高压额定压力为 1.6MPa,低压调节范围为 0.01 ~ 0.15MPa。 减压器按工作原理的不同,分为正作用和反作用两种。目前,应用较多的为单极反作用减压器。 (4)回火防止器 回火防止器是安装在燃料气体系统上,防止火焰向燃气管路或气源回烧的保险装置,有水封式和干式两种,其中水封式回火防止器常与乙炔发生器组装成一体,使用时,一定要检查水位。

续上表

项 目	说 明

焊接设备

(5)乙炔发生器

乙炔发生器是利用电石中的主要成分碳化钙(CaC_2)和水相互作用，以制取乙炔气的设备。乙炔发生器有多种类型，较常用的 Q3—1 型排水式中压乙炔发生器，正常生产率为 $1m^3/h$，工作压力为 0.045～0.1MPa。使用乙炔发生器时应注意：一定要严格按程序加入清水、电石和开、关溢水阀及上盖，并严格控制乙炔气的工作压力在允许范围之内。每天工作完毕，应放出电石渣，并经常清洗。

2. 环管加热器

环管加热器又称为多嘴环管焊炬，由混合气管、环形管及喷嘴等组成(图 6-24)。环形加热器是混合乙炔和氧气，经喷嘴喷射后，形成多束火焰对钢筋进行气压焊接的专用加热器具。为了使钢筋接头焊接点加热均匀，加热器设计为环形钳状，并要求多束火焰燃烧均匀、调整方便。环形加热器的喷嘴数为 6、8、10、12、14 个不等，按待焊钢筋的直径选用。其基本关系参数见表 6-19-1。

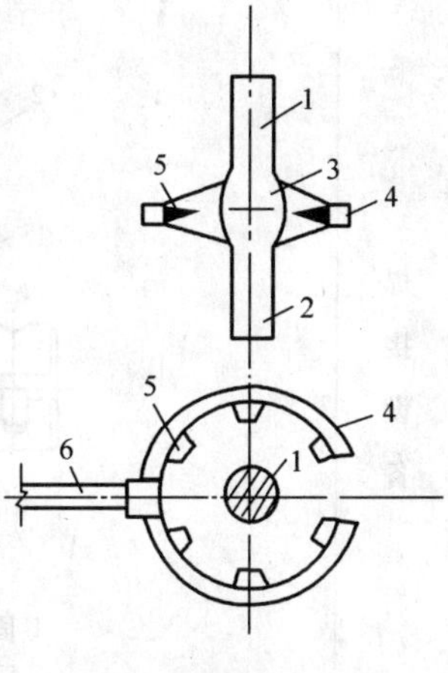

图 6-24 环管加热器示意图
1-上钢筋；2-下钢筋；3-焊接点；4-环形管；5-喷嘴；6-混合气管

加热器与钢筋参数表 表 6-19-1

加热器编号	喷嘴数(个)	焊接钢筋直径(mm)	焰芯长度(mm)
1	6～8	22～25	≥7
2	8～10	25～32	
3	10～14	32～40	

3. 加压器

加压器是钢筋气压焊作业过程中，通过连接夹具对钢筋进行顶锻的压力源装置。加压器主要由液压泵、液压表、液压油管和顶压油缸四部分组成。液压泵有手动、脚踏和电动式三种。

4. 钢筋夹具

钢筋夹具是在气压焊接作业过程中，将两根待焊钢筋端部夹牢并可对钢筋施加轴向顶锻压力的装置。由固定夹头、活动夹头、紧固螺栓、调整螺栓、回位弹簧和卡帽等组成(图 6-25)。其作用为：在焊接作业中对钢筋夹紧、调整和传递对钢筋施加足够的轴向压力，将两根钢筋压接在一起。因此，要求夹具不仅应具有足够的握力，确保夹紧钢筋；而且要便于钢筋安装定位。确保在焊接过程中钢筋不滑移，钢筋接头不产生偏心和弯曲变形，同时不损伤钢筋的表面。

5. 辅助设备

辅助设备主要有砂轮锯(切割钢筋用)、角向磨光机(磨平钢筋端头用)等。

续上表

项　目	说　　明
焊接设备	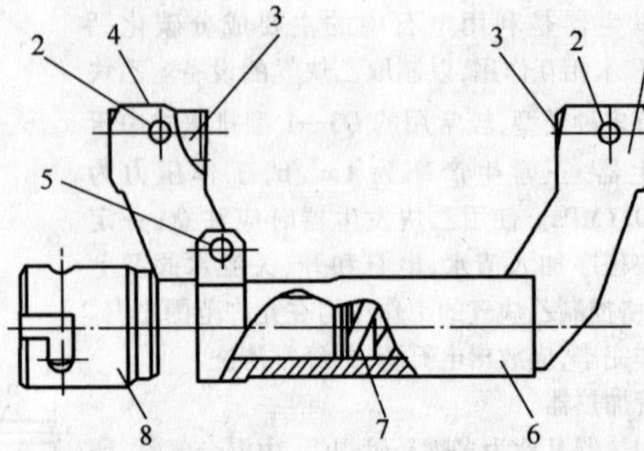 图 6-25　气压焊钢筋夹具示意图 1-固定夹头;2-紧固螺栓;3-夹块;4-活动夹头; 5-调整螺栓;6-夹具体;7-回位弹簧;8-卡帽
焊接材料	1. 钢筋 钢筋的规格和等级必须符合设计图纸和《钢筋混凝土用热轧带肋钢筋》(GB 1499)等国家现行有关规程、规范的要求,并应有材质试验证书,试验合格后,方准使用。 2. 氧气 气压焊接所使用的为气态氧(O_2),其质量应符合国家现行标准《工业用气态氧》(GB 3863)的规定,纯度必须在99.5%以上,作业压力在0.5~0.7MPa以下。 3. 乙炔 气压焊接所使用的乙炔气(C_2H_2)有两种来源:一种为工厂加工的瓶装溶解乙炔气;另一种为在现场直接由电石和水通过乙炔发生器制取的乙炔气。现场制取乙炔气的方法,由于在质量、安全、清除电石渣等方面均存在问题,已逐渐停止使用。因此,在钢筋气压焊接施工中,宜采用瓶装溶解乙炔气,其质量应符合国家现行标准《溶解乙炔》(GB 6819)的规定,作业压力在0.1MPa以下,氧气和乙炔气的作业混合比例为1:1~1:4。 瓶装乙炔气必须满足以下要求: (1)空气和其他难溶于水的杂质含量不得>2%(以容积计)。 (2)磷化氢(PH_3)的含量不得>0.06%(以容积计)。 (3)琉化氢(H_2S)的含量不得>0.10%(以容积计)

6-7-2　焊接工艺

气压焊焊接工艺,见表6-20。

气压焊焊接工艺　　　　表6-20

<table>
<tr><th>项目</th><th>说明</th></tr>
<tr><td>焊前准备</td><td>(1)施工前,应对有关操作人员进行钢筋气压焊的技术培训,重点是焊接原理、操作工艺、质量标准、检验方法、安全规程以及质量问题的防治措施等,经考核合格者,方可持证上岗操作。
(2)正式焊接前,应对待焊钢筋按《混凝土结构工程施工及验收规范》(GB 50204)和《钢筋焊接及验收规程》(JGJ 18)的有关规定截取试件,作弯曲试验和拉伸试验,并按试验合格所确定的工艺参数进行焊接。
(3)对气压焊设备和安全技术措施进行检查落实</td></tr>
<tr><td>焊接工艺流程</td><td>1. 钢筋端部加工
(1)钢筋端面应切平,并应考虑接头的压缩量(一般为 0.6 ~ 1.0d)。端面与钢筋轴线应垂直,周边毛刺应去掉。端部弯折、扭曲部分应矫正或切除。切割钢筋应用砂轮锯,不得用切断机。
(2)钢筋端部的锈污应清除打磨干净,使其露出金属光泽,不得有氧化现象,清除长度一般为两倍钢筋的直径。
(3)钢筋接头应布置在直线区段内,弯曲段内不得布置接头。当有多根钢筋焊接接头时,接头位置应按国家现行标准《混凝土结构工程施工及验收规范》(GB 50204)的有关规定错开。
(4)安装焊接夹具和钢筋时,应将两根钢筋分别夹紧,并使两根钢筋的轴线对正。钢筋安装后,应对钢筋轴向施加 5 ~ 10MPa 的初压力顶紧,两根钢筋之间的缝隙不得大于3mm,压接面的形状要求见图 6-26。
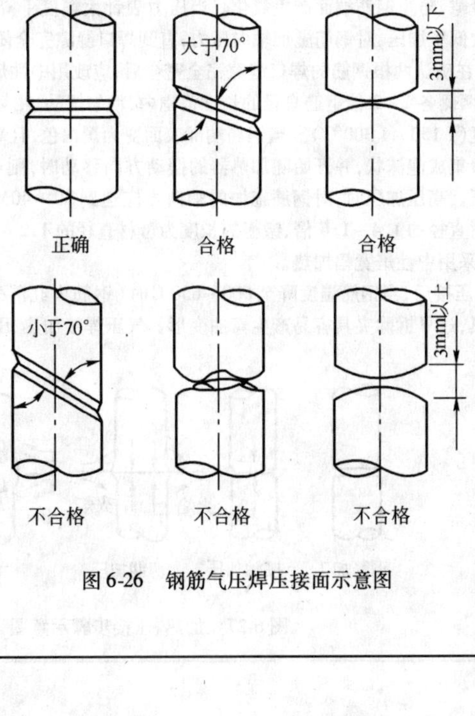

图 6-26　钢筋气压焊压接面示意图</td></tr>
</table>

续上表

项　目	说　明
焊接工艺流程	2. 工艺流程 钢筋气压焊的工艺流程如下： 备料、检查气压焊接设备 ↓ 用砂轮锯切断钢筋 ↓ 用角向磨光机打磨钢筋端部 ↓ 安装焊接夹具和钢筋 ↓ 对钢筋施加轴向初压力 ↓ 用碳化焰对两根钢筋接缝处加热 ↓ 两根钢筋缝隙完全密合后，改用中性焰 ↓ 加压、镦粗钢筋 ↓ 焊接完毕，拆卸夹具，进行质量检验
焊接参数	1. 焊接加热与加压 (1)焊接加压时,应根据钢筋直径和焊接设备等具体条件选用等压、二次加压法或三次加压法等焊接加压方法。三次加压法又分为:三次加压法(1 次高压)和三次加压法(1 次低压)两种。目前,后一种方法,即:三次加压法(1 次低压)应用较多。 (2)气压焊的开始阶段,宜采用碳化焰对准两根钢筋的接缝处集中加热,并使其内焰包住缝隙,防止钢筋端面产生氧化。当压力表针大幅度下降时,随即进行三次加压法的 1 次低压加压,对钢筋施加轴向压力,直到焊口缝隙完全闭合。 (3)在确认两根钢筋的焊口缝隙完全密合后,应改用中性焰宽幅加热,以压焊面为中心,在两侧各 1 ~ 2 倍钢筋直径的长度范围内,均匀摆动,往复加热,使其达到要求的压接温度(1 150 ~ 1 300℃)。当钢筋端部表面变为炽白色,且氧化物变成灰白色球状物,继而聚集成泡沫状,并开始随加热器的摆动方向移动时,则可边加热边进行 2、3 次高压加压。高压加压时,对钢筋施加的轴向力应达到 30 ~ 40MPa,使接缝处镦粗的直径为母材直径的 1.4 ~ 1.6 倍、镦粗的长度为母材直径的 1.2 ~ 1.5 倍。在高压加压过程中,应采用中性焰宽幅加热。 (4)压接后,当钢筋温度降至 600 ~ 650℃时(钢筋火红消失),才能拆除压接器的钢筋夹具,过早拆除夹具容易产生弯曲变形。气压焊接加热、压接操作步骤见图6-27。 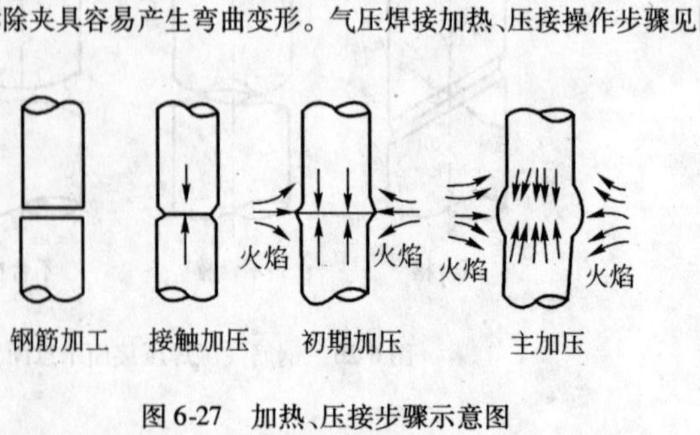 图 6-27　加热、压接步骤示意图

续上表

项 目	说 明

焊接参数

(5)在合理选用火焰的基础上,气压焊接时间可参考表 6-20-1。

气压焊接时间参考表 表 6-20-1

钢筋直径(mm)	加热器喷嘴数(个)	配用焊把	加热时间(s)
16 ~ 22	6 ~ 8	H01—20	60 ~ 90
25	8 ~ 10	H01—20	90 ~ 120
28	8 ~ 10	H01—20	120 ~ 150
32	8 ~ 12	H01—20	150 ~ 180
40	12 ~ 14	YQH—40	180 ~ 240
50	16 ~ 18	YQH—40	270 ~ 420

注:喷嘴前端距钢筋表面 25 ~ 30mm。

2. 焊接火焰的标准

焊接火焰的标准见表 6-20-2

焊接火焰的标准参考表 表 6-20-2

名称	示意图	$O_2 : C_2H_2$	名称	示意图	$O_2 : C_2H_2$
碳化焰(乙炔过剩焰)	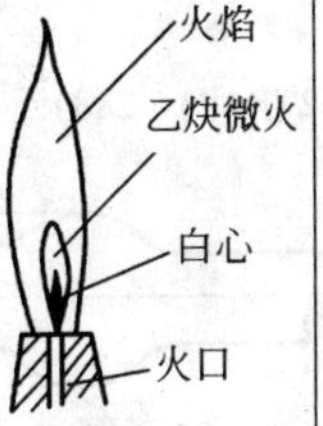	0.85:1 ~ 0.95:1	中性焰(标准焰)	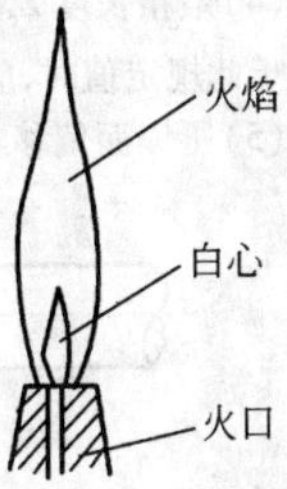	1:1

3. 灭火中断的处理

在加热过程中,如果发生灭火中断现象,可按以下两种情况处理:

(1)当灭火中断现象发生在钢筋端面缝隙完全密合之前时,应将钢筋取下,重新打磨、安装,然后点燃火焰进行焊接。

(2)当灭火中断现象发生在钢筋端面缝隙完全密合之后时,可继续加热、加压,完成焊接过程

注意事项

(1)每个氧气、乙炔瓶的减压器,只允许安装一把多嘴环管加热器。

(2)当风速超过三级(5.4m/s)时,必须采取有效的挡风措施后,才能施工。

(3)雨、雪天气不宜进行焊接作业,如必须施焊作业时,应采取有效的遮蔽措施。压接后的接头不得马上接触雨、雪。

(4)在负温条件下施工时,应采取适当的保温、防冻以及对钢筋接头采取预热、缓冷等措施。当环境温度低于 -20℃时,不宜进行施焊

6-7-3 质量检验

气压焊质量检验，见表 6-21。

气压焊质量检验 表 6-21

项 目	说 明
试件数量	(1)外观检查：应逐个进行。 (2)力学性能试验：应从每批接头中随机切取 3 个接头做拉伸试验；在梁、板的水平钢筋连接中，应另切取 3 个接头做弯曲试验，且应按下列规定抽取试件： ①在一般构筑物中，以 300 个接头作为一批。 ②在现浇钢筋混凝土房屋结构中，同一楼层中应以 300 个接头作为一批；不足 300 个接头仍应作为一批
外观检查	气压焊接头外观检查结果应符合下列要求： (1)偏心量 e 不得大于钢筋直径的 0.15 倍，且不得大于 4mm（图 6-28a）。当不同直径钢筋焊接时，应按较小钢筋直径计算。当大于上述规定值，但在钢筋直径的 0.3 倍以下时，可以热矫正；大于 0.3 倍时应切除重焊。 (2)两钢筋轴线弯折角不得大于 3°，当大于规定值时，应重新加热矫正。 (3)镦粗直径 d_c 不得小于钢筋直径的 1.4 倍（图 6-28b）。当小于此规定值时，应重新加热镦粗。 (4)镦粗长度 L_c 不得小于钢筋直径的 1.0 倍，且凸起部分平缓圆滑（图 6-28c）。当小于此规定值时，应重新加热镦长。 (5)压焊面偏移 d_h 不得大于钢筋直径的 0.2 倍（图 6-28d) 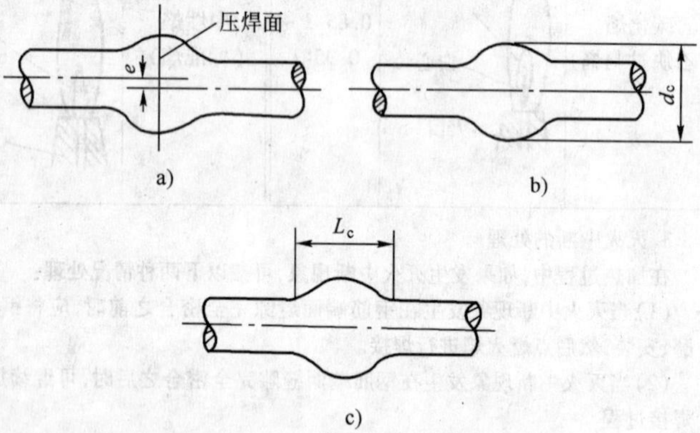 图 6-28 钢筋气压焊接头外观质量示意图 a)偏心量；b)镦粗直径；c)镦粗长度
力学试验	1. 拉伸试验 气压焊接头拉伸试验结果中，3 个试件的抗拉强度均不得小于该级别钢筋规定的抗拉强度，并应断于压焊面之外，呈延性断裂。当有 1 个试件不符合要求时，应切取 6 个试件进行复验；复验结果，当仍有 1 个试件不符合要求，应确认该批接头为不合格品。

续上表

<table>
<tr><th>项目</th><th>说明</th></tr>
<tr><td>力学试验</td><td>
2. 弯曲试验
气压焊接头进行弯曲试验时,应将试件受压面的凸起部分消除,并应与钢筋外表面齐平。弯心直径应符合表 6-21-1 的规定。

气压焊接头弯曲试验弯心直径表　　表 6-21-1
<table>
<tr><th rowspan="2">钢筋等级</th><th colspan="2">弯心直径</th></tr>
<tr><th>$d \leqslant 25$mm</th><th>$d > 25$mm</th></tr>
<tr><td>HPB235</td><td>$2d$</td><td>$3d$</td></tr>
<tr><td>HRB335</td><td>$4d$</td><td>$5d$</td></tr>
<tr><td>HRB400</td><td>$5d$</td><td>$6d$</td></tr>
</table>
注:d为钢筋直径(mm)。
弯曲试验可在万能试验机、手动或电动液压弯曲试验器上进行;压焊面应处在弯曲中心点,弯至90°时,3 个试件均不得在压焊面发生破断。
当试验结果有 1 个试件不符合要求时,应再切取 6 个试件进行复验。复验结果中,如仍有 1 个试件不符合要求,应确认该批接头为不合格品
</td></tr>
</table>

6-8　纵向受力钢筋焊接接头检验批质量验收记录

1. 钢筋闪光对焊接头

钢筋闪光对焊接头检验批质量验收记录　　表 6-22

<table>
<tr><td colspan="3">工程名称</td><td></td><td>验收部位</td><td></td></tr>
<tr><td colspan="3">施工单位</td><td></td><td>批号及批量</td><td></td></tr>
<tr><td colspan="3">施工执行标准名称及编号</td><td>钢筋焊接及验收规程
JGJ 18—2003</td><td>钢筋牌号及直径(mm)</td><td></td></tr>
<tr><td colspan="3">项目经理</td><td></td><td>施工班组组长</td><td></td></tr>
<tr><td rowspan="3">主控项目</td><td colspan="3">质量验收规程的规定</td><td>施工单位检查评定记录</td><td>监理(建设)单位验收记录</td></tr>
<tr><td>1</td><td>接头试件拉伸试验</td><td>5.1.7 条</td><td></td><td></td></tr>
<tr><td>2</td><td>接头试件弯曲试验</td><td>5.1.8 条</td><td></td><td></td></tr>
</table>

续上表

项目经理				施工班组组长			
质量验收规程的规定				施工单位检查评定记录			监理(建设)单位验收记录
				抽检数	合格数	不合格	
一般项目	1	接头处不得有横向裂纹	5.3.2 条				
	2	与电极接触处的钢筋表面不得有明显烧伤	5.3.2 条				
	3	接头处的弯折角≯3°	5.3.2 条				
	4	轴线偏移≯0.1 钢筋直径,且≯2mm	5.3.2 条				
施工单位检查评定结果			项目专业质量检查员: 年 月 日				
监理(建设)单位验收结论			监理工程师(建设单位项目专业技术负责人): 年 月 日				

注:1. 一般项目各小项检查评定不合格时,在小格内打×记号。

2. 本表由施工单位项目专业检查员填写,监理工程师(建设单位项目专业技术负责人)组织项目专业质量检查员等进行验收。

3. 表中"质量验收规程的规定"中×××条,为《钢筋焊接及验收规程》JGJ 18—2003 中所规定的条款。

2. 钢筋电弧焊接头

钢筋电弧焊接头检验批质量验收记录 表 6-23

工程名称			验收部位		
施工单位			批号及批量		
施工执行标准名称及编号		钢筋焊接及验收规程 JGJ 18—2003	钢筋牌号及直径(mm)		
项目经理			施工班组组长		
主控项目	质量验收规程的规定		施工单位检查评定记录	监理(建设)单位验收记录	
	1	接头试件拉伸试验	5.1.7 条		

续上表

项目经理			施工班组组长				
	质量验收规程的规定		施工单位检查评定记录			监理（建设）单位验收记录
			抽检数	合格数	不合格	
一般项目	1	焊缝表面应平整，不得有凹陷或焊瘤	5.4.2 条				
	2	接头区域不得有肉眼可见的裂纹	5.4.2 条				
	3	咬边深度、气孔、夹渣等缺陷允许值及接头尺寸允许偏差	5.4.2 条				
	4	焊缝余高不得大于3mm	5.4.2 条				
施工单位检查评定结果			项目专业质量检查员： 年　月　日				
监理（建设）单位验收结论			监理工程师（建设单位项目专业技术负责人）： 年　月　日				

注：1. 一般项目各小项检查评定不合格时，在小格内打×记号。

2. 本表由施工单位项目专业检查员填写，监理工程师（建设单位项目专业技术负责人）组织项目专业质量检查员等进行验收。

3. 同表6-22注3。

3. 钢筋电渣压力焊接头

钢筋电渣压力焊接头检验批质量验收记录　　表6-24

工程名称			验收部位	
施工单位			批号及批量	
施工执行标准名称及编号	钢筋焊接及验收规程 JGJ 18—2003		钢筋牌号及直径（mm）	
项目经理			施工班组组长	
主控项目	质量验收规程的规定		施工单位检查评定记录	监理（建设）单位验收记录
	1 接头试件拉伸试验	5.1.7		

续上表

项目经理				施工班组组长			
质量验收规程的规定				施工单位检查评定记录			监理（建设）单位验收记录
				抽检数	合格数	不合格	
一般项目	1	四周焊包凸出钢筋表面的高度不得小于4mm	5.5.2条				
	2	钢筋与电极接触处无烧伤缺陷	5.5.2条				
	3	接头处的弯折角≯3°	表5.5.2				
	4	轴线偏移≯0.1钢筋直径，且≯2mm	5.5.2条				
施工单位检查评定结果			项目专业质量检查员： 年　月　日				
监理（建设）单位验收结论			监理工程师（建设单位项目专业技术负责人）： 年　月　日				

注：1. 一般项目各小项检查评定不合格时，在小格内打×记号。

2. 本表由施工单位项目专业检查员填写，监理工程师（建设单位项目专业技术负责人）组织项目专业质量检查员等进行验收。

3. 同表6-22注3。

4. 钢筋气压焊接头

钢筋气压焊接头检验批质量验收记录 表6-25

工程名称				验收部位	
施工单位				批号及批量	
施工执行标准名称及编号	钢筋焊接及验收规程 JGJ 18—2003			钢筋牌号及直径（mm）	
项目经理				施工班组组长	
主控项目	质量验收规程的规定			施工单位检查评定记录	监理（建设）单位验收记录
	1	接头试件拉伸试验	5.1.7条		
	2	接头试件弯曲试验	5.1.8条		

续上表

项目经理				施工班组组长							
	质量验收规程的规定			施工单位检查评定记录							监理(建设)单位验收记录
				抽检数	合格数	不合格					
一般项目	1	轴线偏移≯0.15钢筋直径,且≯4mm	5.6.2条								
	2	接头处的弯折角≯3°	5.6.2条								
	3	镦粗直径≮1.4钢筋直径	5.6.2条								
	4	镦粗长度≮1.0钢筋直径	5.6.2条								
施工单位检查评定结果			项目专业质量检查员: 年 月 日								
监理(建设)单位验收结论			监理工程师(建设单位项目专业技术负责人): 年 月 日								

注:1. 一般项目各小项检查评定不合格时,在小格内打×记号。

2. 本表由施工单位项目专业检查员填写,监理工程师(建设单位项目专业技术负责人)组织项目专业质量检查员等进行验收。

3. 同表6-22注3。

7 粗直径钢筋机械连接技术

7-1 简 介

在现代建筑工程中,现浇钢筋混凝土结构钢筋的接头数量(一般指直径20~40mm)约为全部钢筋用量的7倍(即1万t钢筋需用7万个接头)。对接头部位的质量要求,较普遍的标准为不小于母材的强度,即达到等强度标准。特别是大中型重要工程,更要求全部接头的抽检合格率达到100%。

自20世纪80年代后期以来,粗钢筋机械连接技术在我国钢筋混凝土工程中逐步得到广泛应用,对提高结构工程质量和加快施工速度起了很好的作用。与传统的钢筋焊接工艺相比,粗钢筋机械连接技术具有接头强度高、质量稳定可靠、施工速度快、操作工艺简单、适用范围广、耗电少、无污染、无明火隐患、质量受人为和气候影响小、可用于不同直径和等级的钢筋连接等特点。

目前,我国已经推广和正在推广应用的粗钢筋机械连接技术主要有:套筒挤压钢筋连接技术、锥螺纹钢筋连接技术(包括镦粗锥螺纹钢筋连接技术)、直螺纹钢筋连接技术(包括镦粗直螺纹钢筋连接技术、滚轧直螺纹钢筋连接技术、剥肋滚轧直螺纹钢筋连接技术等)。

为了在推广应用钢筋焊接和机械连接技术过程中做到技术先进、安全适用、经济合理、确保质量和统一验收标准,我国目前颁布了《钢筋焊接及验收规程》(JGJ 18—2003)、《钢筋机械连接通用技术规程》(JGJ 107—2003)、《带肋钢筋套筒挤压连接技术规程》(JGJ 108—96)、《钢筋锥螺纹接头技术规程》(JGJ 109—96)、《镦粗直螺纹钢筋接头》(JG/T 3057—1999)、《滚轧直螺纹钢筋连接接头》(JG 163—2004)等国家技术规程和行业标准。

新颁布的《钢筋机械连接通用技术规程》(JGJ 107—2003)和《滚轧直螺纹钢筋连接接头》(JG 163—2004)等国家技术规程和行业标准,根据抗拉强度以及高应力和大变形条件下反复拉压性能的差异,将钢筋接头分为三个等级:

Ⅰ级:接头抗拉强度不小于被连接钢筋实际抗拉强度或1.10倍钢筋抗

拉强度标准值,并具有高延性及反复抗拉性能。

II 级:接头抗拉强度不小于被连接钢筋抗拉强度标准值,并具有高延性及反复抗拉性能。

III 级:接头抗拉强度不小于被连接钢筋屈服强度标准值的 1.35 倍,并具有一定的延性及反复抗拉性能。

I 级、II 级、III 级接头应能经受规定的高应力和大变形反复拉压循环,且在经历拉压循环后,其抗拉强度应符合表 7-1 规定。

接头的抗拉强度 表 7-1

接头等级	I 级	II 级	III 级
抗拉强度	$f_{mst}^0 \geqslant f_{st}^0$ 或 $1.10f_{uk}$	$f_{mst}^0 \geqslant f_{uk}$	$f_{mst}^0 \geqslant 1.35f_{yk}$

注:f_{mst}^0 为接头试件实际抗拉强度;f_{st}^0 为接头试件中钢筋抗拉强度实测值;f_{uk} 为钢筋抗拉强度标准值;f_{yk} 为钢筋屈服强度标准值。

I 级、II 级、III 级接头的变形性能应符合表 7-2 规定。

接头的变形性能 表 7-2

接 头 等 级		I 级、II 级	III 级
单向拉伸	非弹性变形(mm)	$u \leqslant 0.10(d \leqslant 32)$ $u \leqslant 0.15(d > 32)$	$u \leqslant 0.10(d \leqslant 32)$ $u \leqslant 0.15(d > 32)$
	总伸长率(%)	$\delta_{sgt} \geqslant 4.0$	$\delta_{sgt} \geqslant 2.0$
高应力反复拉压	残余变形(mm)	$u_{20} \leqslant 0.3$	$u_{20} \leqslant 0.3$
大变形反复拉压	残余变形(mm)	$u_4 \leqslant 0.3$ $u_8 \leqslant 0.6$	$u_4 \leqslant 0.6$

注:u 为接头的非弹性变形;u_{20} 为接头经高应力反复拉压 20 次后的残余变形;u_4 为接头经大变形反复拉压 4 次后的残余变形;u_8 为接头经大变形反复拉压 8 次后的残余变形;δ_{sgt} 为接头试件总伸长率。

对直接承受动力荷载的结构构件,接头应满足设计要求的抗疲劳性能。当无专门要求时,对于连接 HRB335 级钢筋的接头,其疲劳性能应能经受应力幅为 100MPa,最大应力为 180MPa 的 200 万次循环加载。对连接 HRB400 级钢筋的接头,其疲劳性能应能经受应力幅为 100MPa,最大应力为 190MPa 的 200 万次循环加载。

当混凝土结构中钢筋接头部位的温度低于 -10℃时,应进行专门的试验。

各种钢筋接头的综合经济效益对比情况见表 7-3。

各种钢筋接头综合经济效益对比表

表 7-3

对比内容	电渣压力焊	气压焊	套筒冷挤压	锥螺纹	镦粗直螺纹	直接滚轧直螺纹	挤压肋滚轧直螺纹	剥肋滚轧直螺纹
现场施工连接用具	电焊压力焊机	气压焊设备	冷挤压设备	力矩扳手	管钳或力矩扳手	管钳或力矩扳手	管钳或力矩扳手	管钳或力矩扳手
接头加工设备	同上	同上	同上	锥螺纹机	镦头机和直螺纹机	直接滚轧直螺纹机	挤压肋滚轧直螺纹机	剥肋滚轧直螺纹机
容易损耗件	熔剂铁丝球	氧气、乙炔气	压接模具	疏刀	型模、疏刀	滚丝轮	挤压轮、滚丝轮	剥肋刀片、滚丝轮
易损件使用寿命	随时	随时	5000～20000 头	300～500 头	型模 500 左右、疏刀 500 头	300～500 头	滚丝轮 2000～3000 头	刀片 1000～2000 头、滚丝轮 5000～8000 头
单个接头损耗件成本	一般	一般	一般	一般	较大	大	较小	小
工人操作强度	大	大	大	较小	较小	较小	较小	较小
现场施工速度	一般	一般	较快	快	快	快	快	快
施工污染和火灾爆炸隐患	有	有	有时油污钢筋	无	无	无	无	无
耗电量	较大	小	小	小	较小	小	小	小
接头质量稳定性	较好	一般	好	一般	较好	一般	较好	好
质量与操作技术的关系	操作是关键	操作是关键	只需达到规定的压力	只需达到规定力矩值	只需达到规定的力矩扳手值	只需达到规定的力矩扳手值	只需达到规定的力矩扳手值	只需达到规定的力矩扳手值
操作工人培训	专门培训	专门培训	一般	一般	一般培训	一般培训	一般培训	一般培训
异径钢筋连接	不可以	不可以	可以	可以	可以	可以	可以	可以
宜用部位	柱、墙	柱、墙	梁、板	梁、板、柱、墙	梁、板、柱、墙	梁、板、柱、墙	梁、板、柱、墙	梁、板、柱、墙
施工天气	风雨低温不能施工	风雨低温不能施工	全天候施工	全天候施工	全天候施工	全天候施工	全天候施工	全天候施工
接头综合成本	较低	较低	较高	一般	一般	一般	一般	一般

7-2 带肋钢筋套筒挤压连接技术

套筒挤压钢筋连接技术与传统的搭接和焊接相比,具有接头性能可靠、质量稳定、不受气候及焊工技术的影响、连接速度快、操作安全、无明火、不需要大功率电源以及可焊与不可焊钢筋均能可靠连接等优点。适用于直径16～40mm 的 HRB335、HRB400 级带肋钢筋和余热处理钢筋的连接。接头的基本性能分为 A、B 两级。在连接不同级别钢筋时,要选择与之相匹配的钢套筒。

套筒挤压钢筋接头按挤压方式不同,分为径向挤压和轴向挤压两种。

7-2-1 套筒径向挤压连接技术

钢筋径向挤压连接,是将两根待接钢筋的端部插入钢套筒内,然后用便携式钢筋挤压机沿径向挤压钢套筒,使之产生塑性变形后,咬住钢筋的横肋,将两根钢筋和钢套筒连接成一体的机械连接方法,其接头纵剖面见图 7-1。

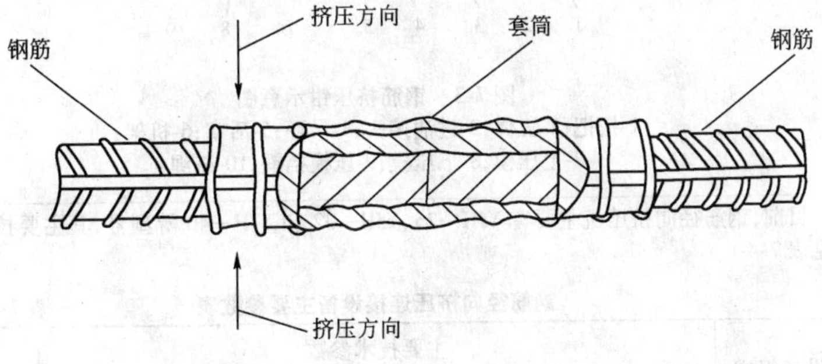

图 7-1 钢筋径向挤压接头纵剖面示意图

1. 径向挤压设备

套筒径向挤压连接技术设备见表 7-4。

套筒径向挤压连接技术设备 表 7-4

项目	说明
径向挤压设备	(1)钢筋径向挤压设备由高压泵站、高压油管和钢筋挤压钳等组成(图 7-2)。 (2)钢筋挤压钳采用双作用油路和双作用油缸,主要由缸体、活塞、上压模、下压模、压模挡铁、油路接头和机架等组成(图 7-3)

续上表

项目	说明
径向挤压设备	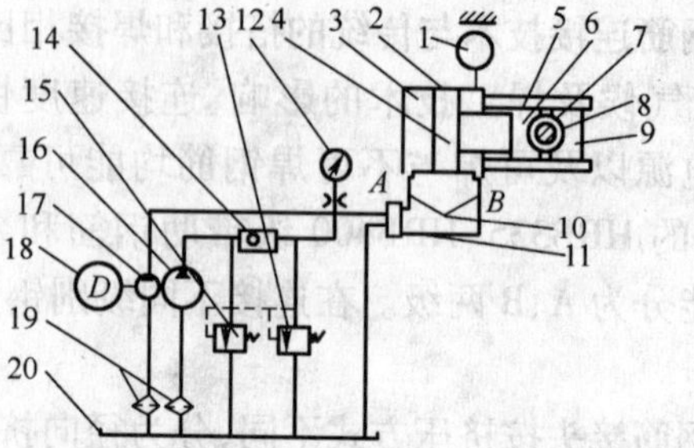 图 7-2　钢筋径向挤压设备示意图 1-悬挂器;2-缸体;3-油腔;4-活塞;5-机架;6-上压模;7-套筒;8-钢筋;9-下压模;10-油管;11-换向阀;12-压力表;13-溢流阀;14-单向阀;15-限压阀;16-低压泵;17-高压泵;18-电机;19-滤油器;20-油箱 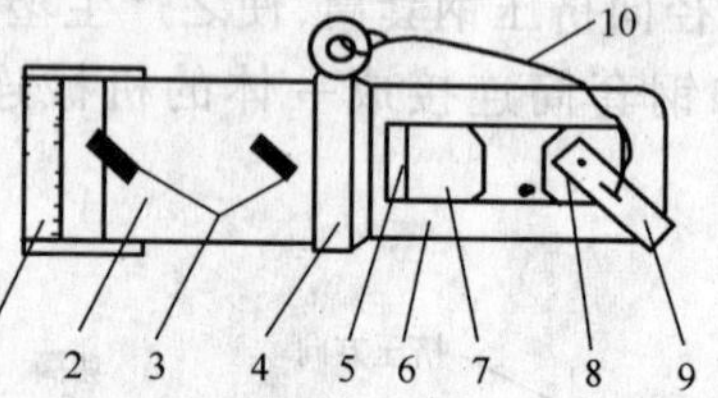 图 7-3　钢筋挤压钳示意图 1-提把;2-缸体;3-进油接头;4-吊环;5-活塞;6-机架;7-上压模;8-下压模;9-压模挡铁;10-链绳

目前,钢筋径向挤压机主要有 YJH—25、YJH—32 和 YJH—40 等型号,其主要技术参数见表 7-4-1。

钢筋径向挤压连接设备主要参数表　　表 7-4-1

	设备组成	主要技术参数				数　量
挤压机技术参数		设备型号	YJH—25	YJH—32	YJH—40	
	压接钳	额定压力 额定挤压力 外形尺寸 质　量	80MPa 760kN $\phi150\times433$(mm) 23kg(不带压模)	80MPa 760kN $\phi150\times480$(mm) 27kg(不带压模)	80MPa 900kN $\phi170\times530$(mm) 34kg(不带压模)	1 台/套
	压　模	可配压模型号	M18,M20 M22,M25	M20,M22 M25,M28,M32	M32,M36,M40	1 副/套
		可连接钢筋的直径(mm)	18,20,22,25	20,22,25,28,32	32,36,40	
		质　量	5.6kg/副	6kg/副	7kg/副	

续上表

项目	说明

续表 7-4-1

项目	设备组成		主要技术参数			数量
		设备型号	YJH—25	YJH—32	YJH—40	
挤压机技术参数	超高压泵站	电机	输入电压:380V 50Hz(220V 60Hz)功率:1.5kW			1台/套
		高压泵	额定压力:80MPa 高压流量:0.8L/min			
		低压泵	额定压力:2.0MPa 低压流量:4.0~6.0L/min			
		外形尺寸	790×540×785(mm)(长×宽×高)			
		质量	96kg 油箱容积 20L			
	超高压软管	额定压力	100MPa			2根/套
		内径	6.0mm			
		长度	3.0m(5.0m)			

注:电机项目中括号内的数据为出口型用。

2. 工艺要点

径向挤压连接工艺要点见表 7-5。

径向挤压连接工艺要点 表 7-5

项目	说明

套筒技术条件

(1)钢套筒型号、规格尺寸见表 7-5-1。

钢套筒型号、规格尺寸表 表 7-5-1

钢套筒型号	钢套筒尺寸(mm)			压接标志道数	单个钢套筒理论质量(kg)
	外径	壁厚	长度		
G40	70	12	260	8×2	4.46
G36	63.5	11	230	7×2	3.28
G32	57	10	210	6×2	2.43
G28	50	8	200	5×2	1.66
G25	45	7.5	180	4×2	1.25
G22	40	6.5	150	3×2	0.81
G20	36	6	140	3×2	0.62

(2)钢套筒的尺寸偏差宜符合表 7-5-2 要求。

钢套筒尺寸允许偏差表(mm) 表 7-5-2

套筒外径 D	外径允许偏差	壁厚(t)允许偏差	长度允许偏差
≤50	±0.5	$+0.12t$ $-0.10t$	±2
>50	$\pm 0.01D$	$+0.12t$ $-0.10t$	±2

续上表

项目	说明

套筒技术条件

(3)对Ⅱ、Ⅲ级带肋钢筋挤压接头所用套筒材料，应选用适于压延加工的钢材，其实测力学性能应符合表7-5-3的要求。

钢套筒材料力学性能表 表7-5-3

项　　目	力学性能指标	项目	力学性能指标
屈服强度(MPa)	225~350	硬度(HRB)	60~80
抗拉强度(MPa)	375~500	或(HB)	102~133
延伸率δ_s(%)	≥20		

(4)设计钢套筒时，其承载力应符合下列要求：

$$f_{slyk}A_{sl} \geqslant 1.10 f_{yk}A_s \quad (7\text{-}1)$$

$$f_{sltk}A_{sl} \geqslant 1.10 f_{tk}A_s \quad (7\text{-}2)$$

式中：f_{slyk}——套筒屈服强度标准值；

f_{sltk}——套筒抗拉强度标准值；

f_{yk}——钢筋屈服强度标准值；

f_{tk}——钢筋抗拉强度标准值；

A_{sl}——套筒的横截面面积；

A_s——钢筋的横截面面积。

径向挤压机 工作程序

钢筋径向挤压机在工作时，将换向阀扳至压接工位，高压油液经高压油管进入挤压钳的A口(后油腔)，前油腔的油液经B口压回油箱。此时，进入后油腔的高压油液推动活塞和上压模向前运动，并挤压钢套筒进行压接工作。当压力表达到预定值后，将换向阀扳至回程位置，高压泵站输出的高压油液，经换向阀和高压油管进入挤压钳B口(前油腔)，推动活塞回程。后油腔的油液经A口压回油箱，至此完成一个工作循环(图7-2)

挤压工序

钢筋挤压连接分为两道工序：第一道工序是，先将一根钢筋的待接端插入钢套筒一半后，用挤压钳按要求将钢套筒与钢筋挤压连接；第二道工序是，将另一根钢筋的待接端，插入到已完成半个接头挤压的钢套筒另一半，然后，用挤压钳按要求将钢套筒与钢筋接压连接。挤压过程顺序：由钢套筒的中部按标记依次向端部进行挤压连接

工艺参数

钢筋径向挤压连接的工艺参数见表7-5-4和表7-5-5。

同直径钢筋挤压连接工艺参数表 表7-5-4

连接钢筋直径(mm)	钢套筒型号	压模型号	压痕最小直径允许范围(mm)	挤压道数
40	G40	M40	61~64	8×2
36	G36	M36	55~58	7×2
32	G32	M32	49~52	6×2
28	G28	M28	42~44.5	5×2
25	G25	M25	37.5~40	4×2
22	G22	M22	33~35	3×2
20	G20	M20	30~32	3×2

续上表

异径钢筋挤压连接工艺参数表　　表 7-5-5

项目	连接钢筋直径（mm）	钢套筒型号	压模型号	压痕最小直径允许范围（mm）	挤压道数
工艺参数	40～36	G40	ϕ40 端 M40	61～64	8
			ϕ36 端 M36	58～60.5	8
	36～32	G36	ϕ36 端 M36	55～58	7
			ϕ32 端 M32	52～54.5	7
	32～28	G32	ϕ32 端 M32	49～52	6
			ϕ28 端 M28	46.5～48.5	6
	28～25	G28	ϕ28 端 M28	42～44.5	5
			ϕ25 端 M25	39.5～41.5	5
	25～22	G25	ϕ25 端 M25	37.5～40	4
			ϕ22 端 M22	36～37.5	4
	25～20	G25	ϕ25 端 M25	37.5～40	4
			ϕ20 端 M20	33.5～35	4
	22～20	G22	ϕ22 端 M22	33～35	3
			ϕ20 端 M20	31.5～33	3

3. 质量检查与验收

（1）钢筋径向挤压连接应符合《带肋钢筋套筒挤压连接技术规程》（JTJ 108）中各项规定。

（2）工程中应用带肋钢筋套筒挤压接头时，应由该技术的提供单位提交有效的型式检验报告。型式检验应符合《钢筋机械连接通用技术规程》（JGJ 107）中有关规定。

（3）径向挤压连接质量检验，见表 7-6。

径向挤压连接质量检验　　表 7-6

项目	说明
工艺检验	钢筋连接工程开始前及施工过程中，应对每批连接钢筋进行挤压连接工艺检验。工艺检验应符合下列要求： （1）每种规格钢筋的接头试件不应少于三根。 （2）接头试件的钢筋母材应进行抗拉强度试验。 （3）三根接头试件的抗拉强度均应符合现行行业标准《钢筋机械连接通用技术规程》（JGJ 107）的强度要求。计算实际抗拉强度时，应采用钢筋的实际横截面面积

续上表

项目	说　明
现场单向拉伸试验	钢筋径向挤压接头的现场检验按验收批进行。同一施工条件下采用同一批材料的同等级、同形式和同规格接头,以500个为一个验收批进行检查和验收,不足500个也作为一个验收批。 对每一验收批,均应按设计的接头性能等级要求,在工程中随机抽取3个试件做单向拉伸试验。按行业标准《带肋钢筋套筒挤压连接技术规程》(JGJ 108)的要求,作出评定。 当3个试件检验结果均符合现行行业标准《钢筋机械连接通用技术规程》(JGJ 107)的强度要求时,该验收批为合格。 当有一个试件的抗拉强度不符合要求时,应再取6个试件进行复检,复检中如仍有一个试件检验结果不符合要求,则该验收批单向拉伸检验为不合格。 在现场连续检验十个验收批,全部单向拉伸试验一次抽样均合格时,验收批接头数量可扩大一倍
现场外观检查	钢筋径向挤压接头的外观质量检查应符合下列要求: (1)外形尺寸:挤压后的套筒长度,应为原套筒长度的1.10~1.15倍。套筒压痕处的外径波动范围为原套筒外径的0.8~0.9倍。 (2)挤压接头的压痕道数,应符合型式检验确定的道数。 (3)接头处弯折不得大于4°。 (4)挤压后的套筒不得有肉眼可见的裂缝。 每一验收批中,应随机抽取10%的挤压接头作外观质量检验,如外观质量不合格数少于抽检数的10%,则该批挤压接头外观质量评为合格。当不合格数超过抽检数的10%时,应对该批挤压接头逐个进行复检。对外观不合格的挤压接头采取补救措施,不能补救的挤压接头应作标记。在外观不合格的接头中,抽取六个试件作抗拉强度试验,如有一个试件的抗拉强度低于规定值,则该批外观不合格的挤压接头,应会同设计单位商定处理,并记录存档

7-2-2　套筒轴向挤压连接技术

套筒轴向挤压钢筋连接技术,是采用专用挤压机和压模对钢套筒连同插入套筒内的两根对接的钢筋,沿其轴向进行挤压,使套筒在被挤压变形后,与钢筋紧密咬合成一体(图7-4)。

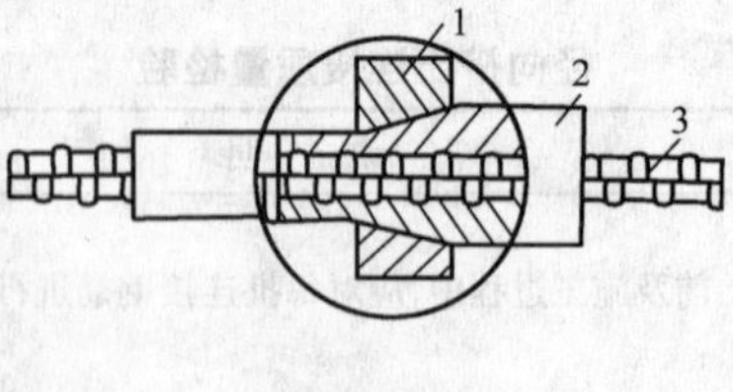

图7-4　钢筋轴向挤压示意图

1-压模;2-钢套筒;3-钢筋

1.适用范围

套筒轴向挤压钢筋连接技术适用于16~40mm的同直径或相差一个直径型号的HRB335、HRB400级钢筋的连接,如:$\phi25$与$\phi28$、$\phi28$与$\phi32$的连接等，与钢筋径向挤压连接相同。不同直径钢筋的最小间距见表7-7。

不同直径钢筋最小间距表 表7-7

钢筋直径(mm)	$\phi25$	$\phi28$	$\phi32$
钢筋轴线最小间距(mm)	94×74	109×83	128×90

2. 材料与设备

套筒轴向挤压连接材料与设备见表7-8。

套筒轴向挤压连接材料与设备 表7-8

项目	说 明
材料	(1)钢筋：与钢筋径向挤压相同。 (2)钢套筒：材质应符合GB 5310优质碳素结构钢的标准，其机械性能应符合表7-8-1的要求，其规格尺寸见表7-8-2。

钢套筒机械性能表 表7-8-1

项 目	机械性能	项 目	机械性能
屈服强度(f_y)	≥250MPa	伸长率δ_s(%)	≥24
抗拉强度(f_t)	≥420~560MPa	HRB	≤75

钢套筒规格尺寸表 表7-8-2

套筒尺寸(mm) \ 钢筋直径(mm)		$\phi25$	$\phi28$	$\phi32$
外 径		$\phi45^{+0.1}_{0}$	$\phi49^{+0.1}_{0}$	$\phi55.5^{+0.1}_{0}$
内 径		$\phi33^{0}_{-0.1}$	$\phi35^{0}_{-0.1}$	$\phi39^{0}_{-0.1}$
长度	钢筋端面紧贴连接时	$190^{+0.3}_{0}$	$200^{+0.3}_{0}$	$210^{+0.3}_{0}$
	钢筋端面间隙≤30连接时	$200^{+0.3}_{0}$	$230^{+0.3}_{0}$	$240^{+0.3}_{0}$

项目	说 明
设备	(1)挤压机：型号GZJ32。该挤压机可用于全套筒和少量半套筒钢筋接头的压接(图7-5)，其主要技术参数见表7-8-3。

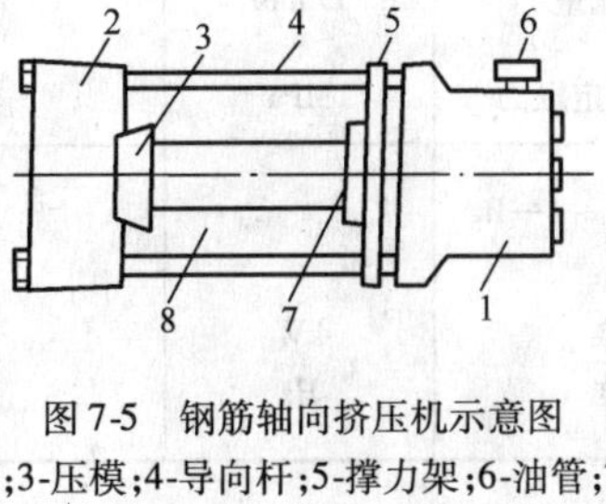

图7-5 钢筋轴向挤压机示意图

1-油缸；2-压模座；3-压模；4-导向杆；5-撑力架；6-油管；7-垫块座；8-套筒

续上表

项目	说明
设备	(2)半挤压机:型号 GZJ32。该挤压机适用于半套筒钢筋接头的压接(图 7-6),其主要技术参数见表 7-8-3。

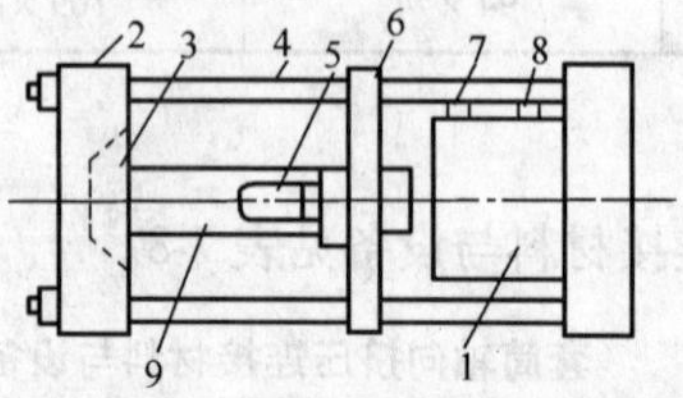

图 7-6　钢筋半挤压机示意图

1-油缸;2-压模座;3-压模;4-导向杆;5-限位器;6-撑力架;7、8-油管接头;9-套管

GZJ32 型挤压机和半挤压机主要技术参数表　　表 7-8-3

项次	项目	单位	技术性能	
			挤压机	半挤压机
1	额定工作压力	MPa	70	70
2	额定工作推力	kN	400	470
3	油缸最大行程	mm	104	110
4	外形尺寸	mm	755×158×215	180×180×780
5	自重	kg	65	70

(3)高压泵站:该泵站由电动机驱动的高、低压油泵各一台和双油路组成。当换向阀接通高压油泵时,油缸大腔进油,当达到高压额定油压时,高压继电器断电;当换向阀接通低压油泵时,油缸小腔进油,当达到低压额定油压时,低压继电器断电,其主要技术参数见表 7-8-4。

高压泵站主要技术性能表　　表 7-8-4

项次	项目	单位	技术性能	
			超高压油泵	低压泵
1	额定工作压力	MPa	70	7
2	额定流量	L/min	2.5	7
3	继电器额定压力	MPa	65	36
4	电机($J100L_2—4—B_5$)			
	电压	V	380	
	功率	kW	3	
	频率	Hz	50	

3. 施工工艺

套筒轴向挤压连接施工工艺见表7-9。

套筒轴向挤压连接施工工艺 表7-9

项目	说明
施工准备	(1)标尺与标志:为了控制钢筋插入套筒的准确长度,在钢筋端部接口处应采用专用标尺画出油漆标志线(图7-7),不同直径钢筋插入套筒的长度见表7-9-1。

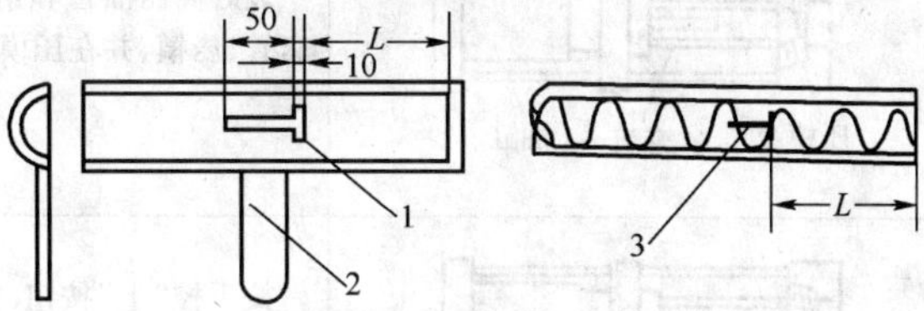

图7-7 专用标尺示意图

1-划线孔;2-手把;3-钢筋上画的油漆标志线

不同直径钢筋插入套筒长度表 表7-9-1

钢筋直径(mm)	25	28	32
钢筋插入套筒长度 L(mm)	105	110	115

(2)套筒与配套压模:套筒与压模配套见表7-9-2。

套筒与压模配套表 表7-9-2

钢筋直径(mm)	套筒直径(mm)		压模直径(mm)	
	内径	外径	同径钢筋及异径钢筋粗径用	异径钢筋接头细径用
25	33	45	38.4 ±0.02	
28	35	49.1	42.3 ±0.02	40 ±0.02
32	39	55.5	48.3 ±0.02	45 ±0.02

(3)施工前试验:按施工使用的钢筋、套筒、挤压机和压模等,先挤压三根650~700mm套筒接头和切取三根同样长度的钢筋母材,分别进行抗拉试验,合格后方可施工,否则需加倍进行试验,直到满足要求为止。

(4)其他施工准备工作与钢筋径向挤压连接相同

项目	说明
工艺要点	(1)接好高压泵站电源和挤压机(或半挤压机)的油管。 (2)起动高压泵站和空载运转挤压机(或半挤压机),往返活动油缸几次,检查泵站和挤压机是否正常。 (3)一般可采取在加工厂先预压接半个钢筋接头后,再运至工地进行另半个钢筋接头的整根压接。半根钢筋挤压作业步骤见表7-9-3。整根钢筋挤压作业步骤见表7-9-4。 (4)接头压接后,其套筒握裹钢筋的长度应达到标记线要求,如套筒接头达不到要求,可绑扎补强钢筋或切去重新压接。 (5)压接后的接头,应用卡规进行检测,不同直径的钢筋接头采用不同规格的卡规,其接头通过尺寸见表7-9-5。

续上表

项目	说明
工艺要点	

半根钢筋挤压作业步骤表 表 7-9-3

项次	图示	说明
1	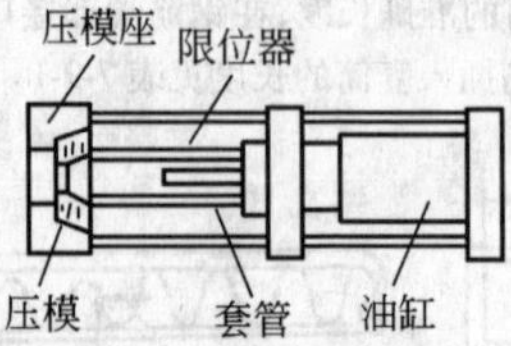	装好高压油管和钢筋配用的限位器、套管、压模，并在压模内孔涂羊油
2	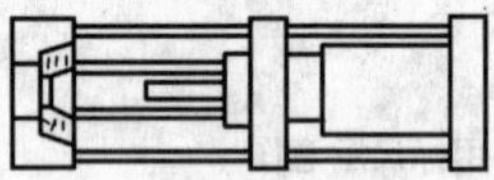	按手控“上”按钮，使套管对正压模内孔再按手控“停止”按钮
3	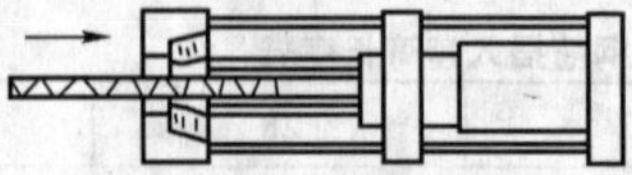	插入钢筋，顶在限位器立柱上，扶正
4	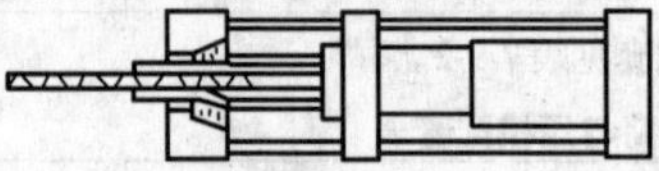	按手控“上”按钮，进行挤压
5	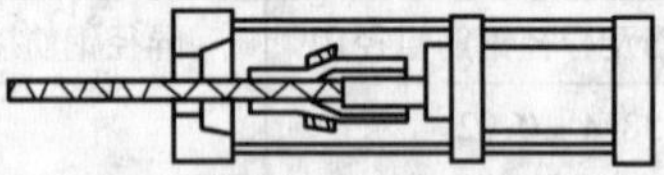	当听到溢流“吱吱”声，再按手控“下”按钮，退回柱塞，取下压模
6	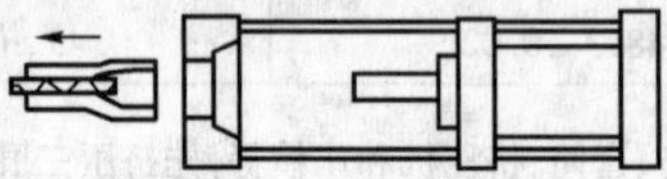	取出半套管接头，挤压作业结束

整根钢筋挤压作业步骤表 表 7-9-4

项次	图示	说明
1	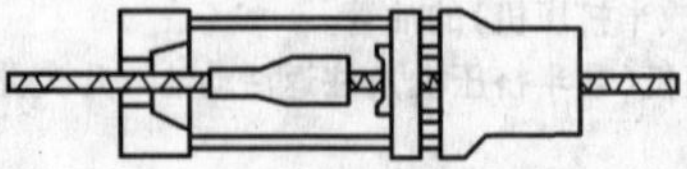	将半套管接头插入结构钢筋，挤压机就位
2	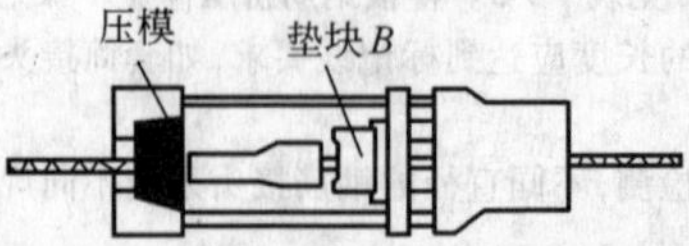	放置与钢筋配用的垫块 B 和压模

续上表

项目	说明

续表 7-9-4

项目	项次	图示	说明
工艺要点	3	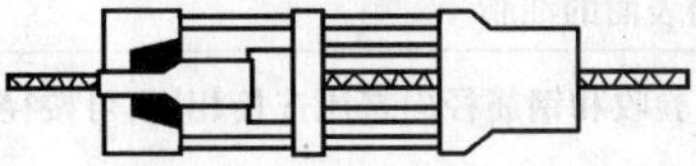	按手控“上”按钮，进行挤压直到听到“吱吱”溢流声
	4	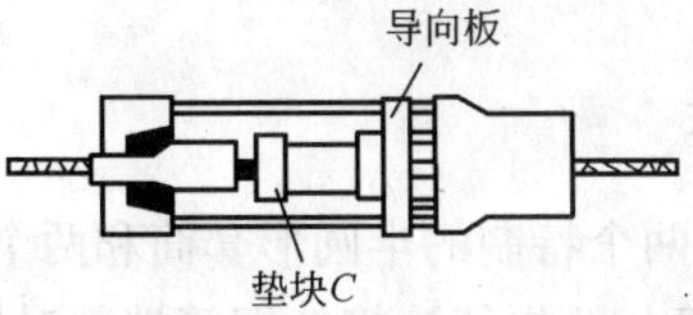	按手控“下”按钮，退回柱塞及导向板；装上垫块 C
	5	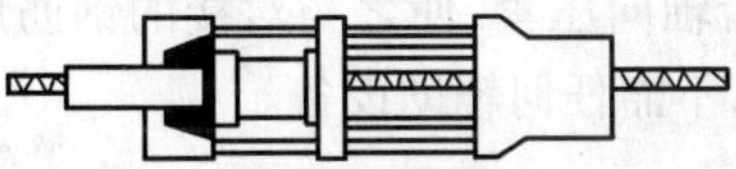	按手控“上”按钮，进行挤压
	6	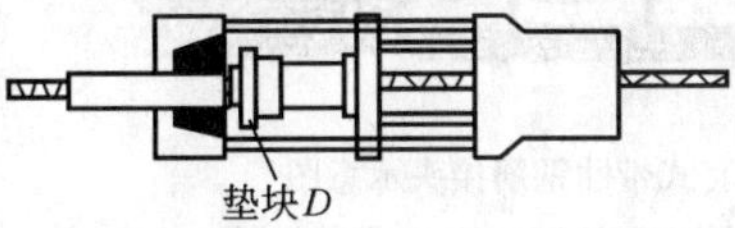	按手控“下”按钮，退回柱塞，再加垫块 D
	7	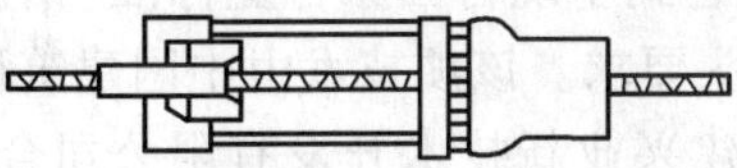	按手控“上”按钮，进行挤压；再按手控“下”按钮，退回柱塞
	8		取下垫块、模具、挤压机，接头挤压连接完毕

不同直径钢筋接头卡规通过尺寸表 表 7-9-5

卡规简图	通过尺寸 A(mm)		
	$\phi25$	$\phi28$	$\phi32$
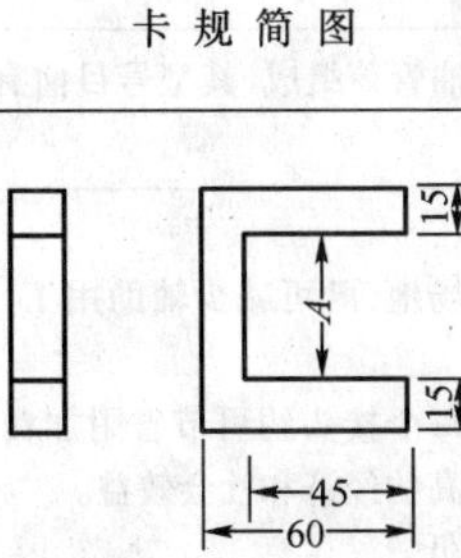	39.1	43	49.2

续上表

项目	说　明
注意事项	(1)钢筋下料应采用砂轮锯切割,切口与钢筋轴线垂直。不得使用气割或切断机。 (2)钢套筒必须擦净,以免砂粒等损坏压模。 (3)接头套筒不得有肉眼可见的裂纹。 (4)压接合格的接头,应擦去套筒表面的油脂
质要量求	钢筋轴向挤压连接的质量检查与验收和钢筋径向挤压连接相同,可按径向挤压连接的有关规定执行

7-2-3 活套式带肋钢筋连接技术

活套式带肋钢筋接头主要由两个特制的半圆形套筒和两个特制的套箍组成。组装时,将两个半圆形套筒与两根待连接的钢筋端部对接扣合后,通过专用压钳将套筒两端的套箍沿轴向压紧,使之与对接的钢筋形成一个整体,一次装卡即可完成(图 7-8),不需任何辅助设备。

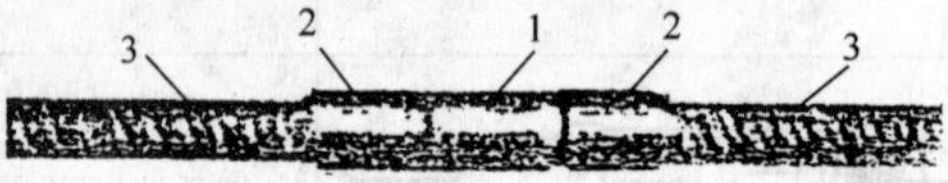

图 7-8　活套式带肋钢筋接头示意图

1-特制半圆形套筒;2-特制套箍;3-带肋钢筋

该项连接技术,经型式检验达到了现行国家行业标准《钢筋机械连接通用技术规程》(JGJ 107)的接头要求。该项技术由中国建筑科学研究院建筑机械化研究分院与北京国建兴业新技术开发有限公司合作开发,于 2000 年 12 月通过了建设部鉴定,属国内外首创,已获国家专利,见表 7-10。

活套式带肋钢筋连接技术　　表 7-10

项目	说　明
范适用围	适用于工业与民用建筑和水利、电力、桥梁等各种钢筋混凝土结构工程中 HRB335、HRB400 级带肋钢筋的连接
专机用具	专用机具主要由压钳、压模、手压油泵、压力表和高压油管等组成,其型号目前有:YQ—32 等型。工作压力为:35 ~ 40MPa,质量约 10kg
技术特点	该项技术与其他钢筋机械连接技术相比具有以下特点: (1)接头实现了工厂生产,现场装配。它不占用施工场地,既可减少辅助用工,又便于施工现场管理。 (2)钢筋连接前,其端头无需特殊加工,附加费用低(每个接头约可节省附加费用 2 元左右)。既可加快施工进度,又降低了工程造价,具有较高的经济和社会效益。 (3)压接工具简单,设备投资少,且长期使用维护费用低。 (4)连接快速便捷,只需两人即可完成连接作业,劳动效率高

7-2-4 双套筒轴向挤压连接技术

该项钢筋连接头采用双套筒与高强螺栓组装而成。首先利用自动化液压挤压机将套筒一端与钢筋挤压连接，使套筒与钢筋紧密结合；然后，在工地现场，再利用高强螺栓，将两根钢筋通过套筒预先加工的内螺纹连接在一起。经专业的型式检验，各项性能均达到并超过现行国家行业标准《钢筋机械连接通用技术规程》(JGJ 107)的接头要求。

该接头施工简单，钢筋端头不需切削螺纹，断面不会减小，接头强度针对 HRB400 级钢可达钢筋屈服强度的 1.35 倍以上，接头强度高。可用于不同直径钢筋特殊连接，不占用现场，在狭小密集处钢筋可灵活接合，工具简单且轻松省力。

这种接头分为 FD GRIP 和 C-U GRIP 两种系列。由上海宏国建材有限公司引进开发，已获国家专利局实用新型专利，接头型式见表 7-11。

双套筒轴向挤压连接接头型式 表 7-11

项目	说明
FD GRIP 系列钢筋接头	1. TYPE A 型钢筋接头 螺栓为单向螺纹，用于一般柱、墙、梁的钢筋，及其他连接时一端可旋转的钢筋(图 7-9)，其接头规格见表 7-11-1。

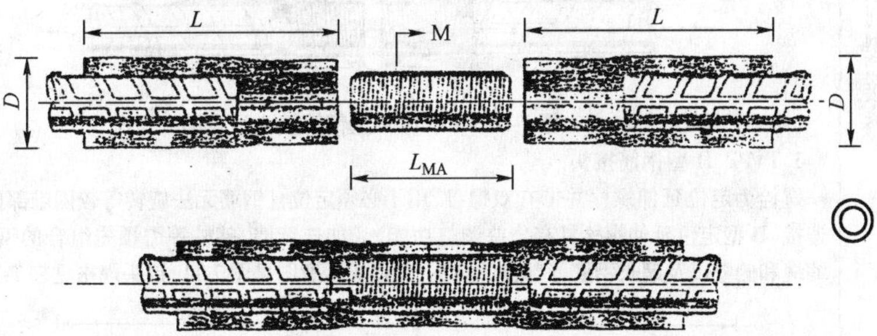

图 7-9 TYPE A 型钢筋接头示意图

TYPE 型钢筋接头规格表 单位：mm 表 7-11-1

接头型号	D16	D18	D20	D22	D25	D28	D32	D36	D40	D50
钢筋直径	16	18	20	22	25	28	32	36	40	50
套筒长度 L	>78	>85	>90	>98	>112	>125	>137	>145	>150	>163
套筒长度 L_c	>100	>110	>115	>130	>148	>164	>179	>197	>208	>225
套筒长度 L_d	32	34	35	38	42	50	55	63	68	85
套筒外径 D	26.5	28.0	29.0	34.5	39.0	43.5	49.0	56.0	59.0	78.0

续上表

项目	说明

FD GRIP 系列钢筋接头

续表 7-11-1

接头型号	D16	D18	D20	D22	D25	D28	D32	D36	D40	D50
螺栓长度 L_{MA}	42	44	46	56	62	69	76	83	90	120
螺栓长度 L_{MB}	47	51	53	62	72	80	88	96	104	135
螺栓长度 L_{MC}	81	86	90	107	122	135	148	163	177	234
螺纹 M	18 × 2.5	19 × 2.5	20 × 2.5	24 × 3.0	27 × 3.0	30 × 3.0	33 × 3.0	36 × 3.0	39 × 3.0	52 × 3.0
扭力系数 kg-m	6	7	8	14	19	26	35	45	55	75

注：摘自上海宏国建材有限公司样本。

2. TYPE B 型钢筋接头

螺栓为正反两种螺纹，用于连续过长或弯曲等无法旋转钢筋的连接(图 7-10)，其接头规格见表 7-11-1。

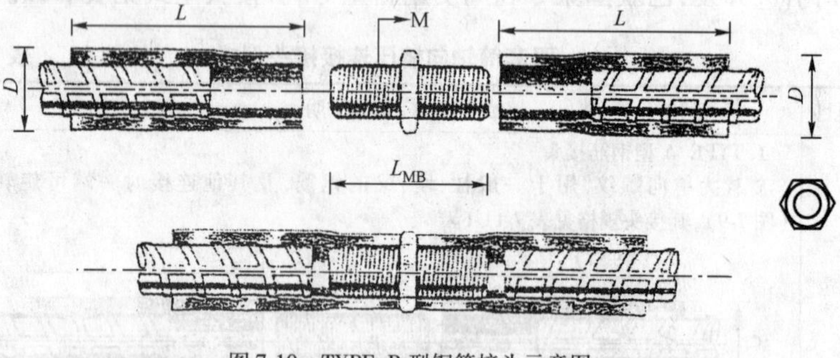

图 7-10　TYPE B 型钢筋接头示意图

3. TYPE H 型钢筋接头

螺栓为定位延伸螺栓并带有双螺母，用于必须定位且钢筋无法旋转等较困难部位的钢筋连接(H 型定位延伸螺栓具有公差调整功能)。如连续墙、基桩等需预先组合的钢筋笼，伸缩缝和侧壁以及超长钢筋等部位的接头，其接头示意图见图 7-11，接头规格见表 7-11-1。

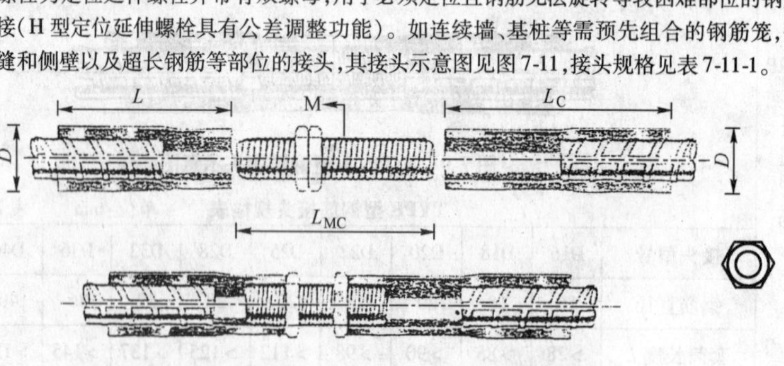

图 7-11　TYPE H 型钢筋接头示意图

4. TYPE D 型钢筋接头

螺栓同 A 型接头，用于一侧与钢筋连接，另一侧与 SRC 结构钢筋或钢板、柱、梁等连接(图7-12)，其接头规格见表 7-11-1。

续上表

项目	说　　明
FD GRIP 系列钢筋接头	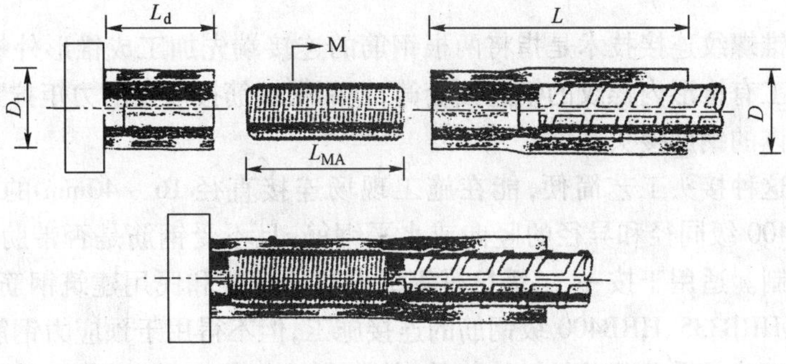 图 7-12　TYPE D 型钢筋接头示意图
C-U GRIP 系列钢筋接头	1. TYPE A1 型钢筋接头 螺栓为单向螺纹，且与一侧套筒为一体，用于一般柱、梁、板及其他连接时一端可旋转的钢筋。具体做法可参照 TYPE A 型钢筋接头，其接头示意见图 7-13。 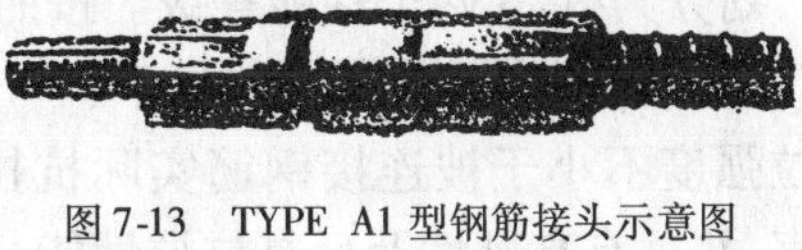 图 7-13　TYPE A1 型钢筋接头示意图 2. TYPE A2 型钢筋接头 螺栓为正反扣螺纹，用于施工空间狭小，或钢筋无法旋转等特殊情况的钢筋连接。具体做法可参照 TYPE B 型钢筋接头，其接头示意见图 7-14。  图 7-14　TYPE A2 型钢筋接头示意图 3. TYPE D1 型钢筋接头 螺栓同 A1 型接头，用于一侧与钢筋连接，另一侧与 SRC 结构钢筋或钢梁、柱、板等连接。具体做法可参照 TYPE B 型接头，其接头示意见图 7-15。 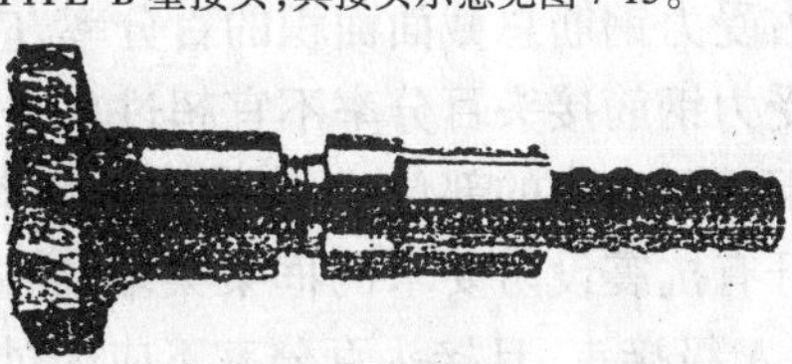 图 7-15　TYPE D1 型钢筋接头示意图

该接头针对 HRB400 级钢筋设计，适用于直径 16 ~ 50mm 的 HRB335、HRB400 级钢筋连接。可用于建筑和土木工程中不同直径钢筋的连接，或钢筋与钢结构的特殊连接。

目前，该接头在美国、日本和台湾等地区应用较多。

7-3 锥螺纹连接技术

锥螺纹连接技术是指将两根钢筋的连接端先加工成锥形外螺纹,再通过加工有锥形内螺纹的钢连接套筒,把两根钢筋按规定的力矩拧紧后,连接成一体的钢筋接头。

这种接头工艺简便,能在施工现场连接直径 16 ~ 40mm 的 HRB335、HRB400 级同径和异径的竖向或水平钢筋,且不受钢筋是否带肋和含碳量的限制。适用于按一、二级抗震等级设防的工业和民用建筑钢筋混凝土结构的 HRB335、HRB400 级钢筋的连接施工,但不得用于预应力钢筋的连接。对于直接承受动荷载的结构构件,其接头还应满足抗疲劳性能等设计要求。

不同直径钢筋连接时,一次连接的钢筋直径规格不宜超过两级。

锥螺纹接头根据静力单向拉伸性能以及高应力和大变形条件下反复拉、压性能的差异,划分为 A、B 两个性能等级。按照《钢筋机械连接通用技术规程》(JGJ 107—2003)规定的接头性能如下:

I 级:接头抗拉强度不小于被连接钢筋实际抗拉强度或超过 1.1 倍钢筋抗拉强度标准值,并具有高延性及反复抗拉性能。

II 级:接头抗拉强度不小于被连接钢筋抗拉强度标准值,并具有高延性及反复抗拉性能。

III 级:接头抗拉强度不小于被连接钢筋屈服强度标准值的 1.35 倍,并具有一定的延性及反复抗拉性能。

锥螺纹接头性能等级的选用应符合下列规定:

(1)设置在同一构件内同一截面受力钢筋的锥螺纹接头,其位置应相互错开。在任一接头中心至长度为钢筋直径 35 倍区段范围内,有接头的受力钢筋截面面积占受力钢筋总截面面积的百分率,应符合下列规定:

①受拉区的受力钢筋接头百分率不宜超过 50%。

②在受拉区钢筋受力小的部位,A 级接头百分率不受限制。

③接头宜避开有抗震设防要求的框架梁端和柱端的箍筋加密区;当无法避开时,应采用 A 级接头,且接头百分率不应超过 50%。

④受压区和装配式构件中钢筋受力较小部位,A 级和 B 级接头百分率可不受限制。

(2)接头端头距钢筋弯曲点不得小于钢筋直径的 10 倍。

(3)钢筋连接套的混凝土保护层厚度宜满足现行国家规范要求,且不得小于 15mm。连接套之间的净距不宜小于 25mm。

钢筋锥螺纹连接技术按施工工艺的不同,目前可分为普通型、镦粗型和

GK 型三种。

7-3-1　普通型锥螺纹连接技术

锥螺纹钢筋接头是利用锥形螺纹能承受轴向力和水平力以及密封性能较好的原理,依靠机械力将钢筋连接在一起。其工艺过程为:先用专用套丝机将钢筋的待连接端加工成锥形外螺纹,然后,通过带锥形内螺纹的钢连接套筒将两根待接钢筋连接,最后利用力矩扳手按规定的力矩值,使钢筋和连接钢套筒拧紧在一起。

锥螺纹连接套筒的材料宜采用 45 号优质碳素结构钢或其他经试验确认符合要求的钢材制作,其受拉承载力不应小于被连接钢筋受拉承载力标准值的 1.10 倍。

普通型锥螺纹接头性能一般仅能满足 III 级要求,详见表 7-12,连接质量检查与验收见表7-13。

普通锥螺纹连接技术施工工艺　　表 7-12

项　目	说　明
机 具 设 备	1. 钢筋锥螺纹套丝机 钢筋锥螺纹套丝机的型号如:SZ—50A、GZL—40B 等,可用于加工直径 16 ~ 40mm 的 HRB335、HRB400 级钢筋连接端的锥形外螺纹。 2. 量规 量规包括牙形规、卡规或环规、锥螺纹塞规。其应由钢筋连接技术提供单位提供。 (1)牙形规:用于检查钢筋连接端锥螺纹的加工质量(图 7-16)。 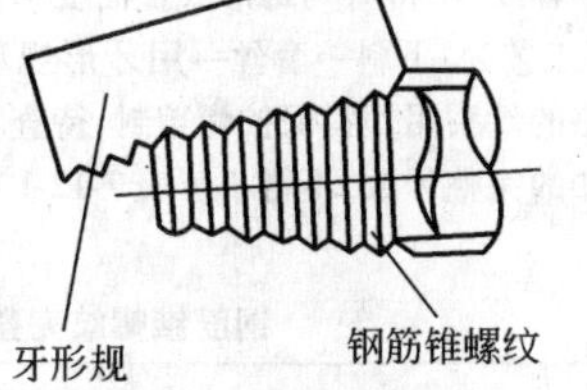 图 7-16　牙形规示意图 (2)卡规或环规:用于检查钢筋连接端锥螺纹小端直径(图 7-17)。 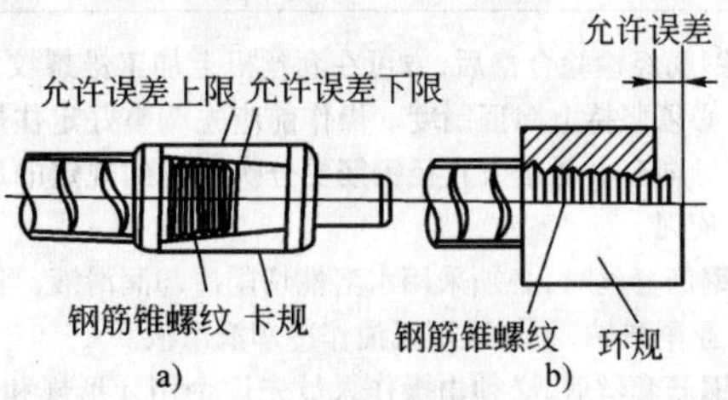 图 7-17　卡规与环规示意图 a)卡规;b)环规

续上表

项　目	说　　明

机具设备

(3)锥螺纹塞规:用于检查连接套筒锥形内螺纹的加工质量(图 7-18)。

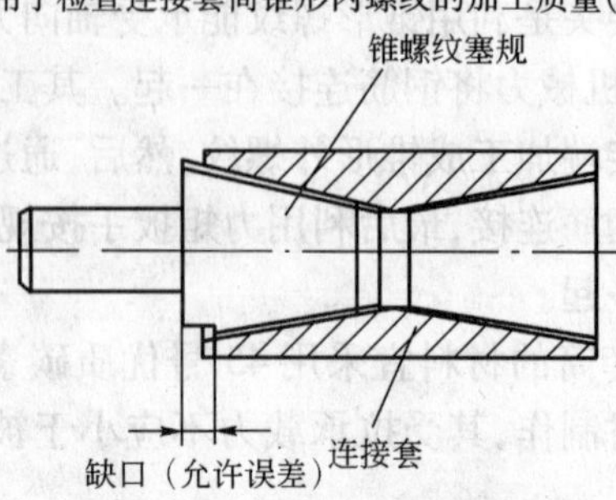

图 7-18　锥螺纹塞规示意图

3. 力矩扳手

力矩扳手是保证钢筋连接质量的重要测力工具。操作时,按不同钢筋直径规定的力矩值调整扳手后,将钢筋与连接套筒拧紧,达到要求的力矩时,可发出声响信号。型号如:PW360 型,性能为 100～360N · m 和 HL—02 型,性能为 70～350N · m 等。

4. 砂轮锯

砂轮锯用于切断挠曲的钢筋接头。

5. 台式砂轮

台式砂轮用于修磨梳刀

施工工艺

1. 钢筋锥螺纹的加工与检验

(1)钢筋加工前,应先调直后将待连接端用砂轮锯下料(不得用气割),要求切口端面垂直于钢筋轴线,不得有马蹄形或挠曲变形。

(2)其加工工艺为:下料→套丝→用牙形规和卡规(或环规)逐个检查钢筋套丝质量→质量合格的丝头用塑料保护帽盖封,待查和待用。

锥螺纹丝扣的完整牙数,不得小于表 7-12-1 的规定值。

钢筋锥螺纹完整牙数表　　表 7-12-1

钢筋直径(mm)	16～18	20～22	25～28	32	36	40
完整牙数	5	7	8	10	11	12

(3)钢筋经检验合格后,方可在套丝机上加工锥螺纹。为确保钢筋的套丝质量,操作人员必须坚持上岗证制度。操作前应先调整好定住尺,并按钢筋规格配置相对应的加工导向套。对于大直径钢筋要分次加工到规定的尺寸,以保证丝扣的精度和避免损坏梳刀。

(4)钢筋套丝时,必须采用水溶性切削冷却润滑液,当气温低于 0℃时,应掺入 15%～20% 亚硝酸钠,不得采用机油作冷却润滑液。

(5)钢筋套丝后,必须由操作人员先逐个用牙形规和卡规(或环规)进行自检。牙形规、卡规和环规的检验方法见图 7-16,图 7-17。锥螺纹丝扣的完整牙数不得小于表 7-12-1 的规定,其检验记录见表 7-12-2。

续上表

项 目	说 明
施工工艺	（见下）

钢筋锥螺纹加工检验记录表　　表 7-12-2

工程名称				结构所在层数	
接头数量		抽检数量		构件种类	
序 号	钢筋规格	螺纹牙形检验	小端直径检验	检验结论	

注:1. 按每批加工钢筋锥螺纹丝头数的 10% 检验。

2. 牙形合格、小端直径合格的打“√”;否则打“×”。

检查单位:　　检查人员:

日　期:　　负 责 人:

2. 套筒的加工与检验

(1)套筒的材质:HRB335 级钢筋采用 30~40 号钢;HRB400 级钢筋采用 45 号钢。

(2)套筒的规格尺寸应与钢筋锥螺纹相匹配,其承载力应略高于钢筋母材。

(3)锥螺纹套筒的加工,宜在专业工厂进行,以保证产品质量。套筒加工后,经检验合格的产品,其两端锥孔应采用塑料密封盖封严。套筒的外表面应标有明显的钢筋级别及规格标记。

(4)锥螺纹套筒的检查与验收:其内容包括套筒的规格、型号与标记;套筒的锥形内螺纹齿数、齿高与螺距;以及螺纹有无破损、歪斜、不全、锈蚀等现象。套筒锥形内螺纹的加工质量主要采用锥螺纹塞规进行检验(图 7-18),当套筒大端边缘在塞规大端缺口范围之内时,套筒为合格品。

部分普通型锥螺纹套筒接头(B 级)规格尺寸见表 7-12-3。

项目	说明

普通形锥螺纹套筒钢筋接头(B 级)规格尺寸表 表 7-12-3

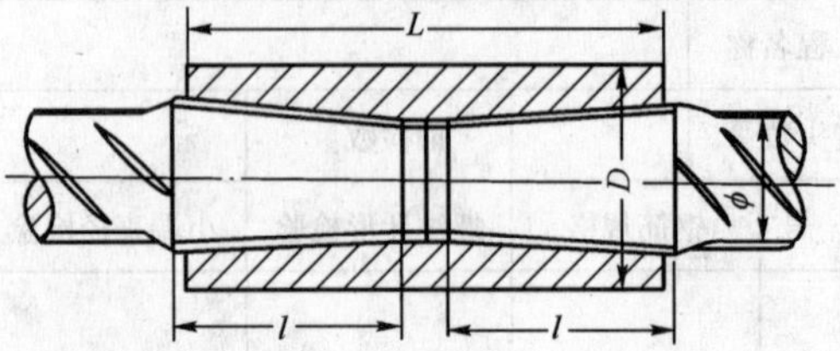

钢筋公称直径	锥螺纹尺寸	*l*(mm)	*L*(mm)	*D*(mm)
18	ZM19×2.5	25	60	28
20	ZM21×2.5	28	65	30
22	ZM23×2.5	32	70	32
25	ZM26×2.5	37	80	35
28	ZM29×2.5	42	90	38
32	ZM33×2.5	47	100	44
36	ZM37×2.5	52	110	48
40	ZM41×2.5	57	120	52

施工工艺

3. 钢筋连接工艺

钢筋连接前,先回收钢筋待连接端锥螺纹的塑料保护帽和套筒的保护盖,并在检查钢筋和套筒的规格和质量后,进行清洁、除锈。

进行钢筋连接时,先将已拧好一端钢筋的连接套筒的另一端,拧到另一根待连接的钢筋上,并采用力矩扳手将钢筋和连接套筒拧紧,直到力矩扳手达到调定的力矩值发出响声信号为止(图 7-19),然后用油漆作出标志,以防漏拧。锥螺纹接头拧紧力矩值见表 7-12-4。质量检验与施工安装使用的力矩扳手应分开使用,不得混用。

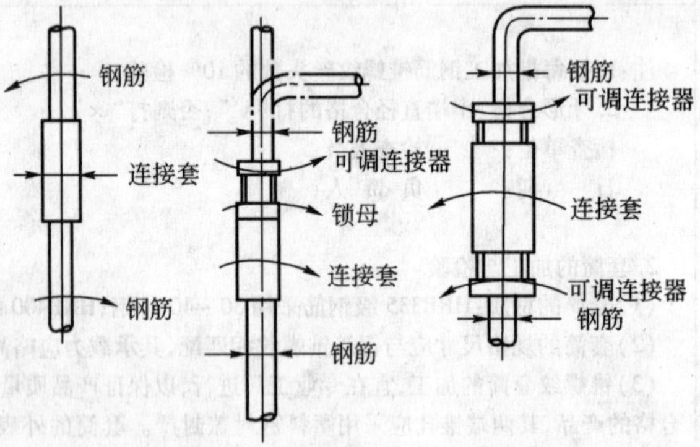

a) b) c)

图 7-19 锥螺纹钢筋接头连接示意图

a)同径或异径钢筋连接;b)单向可调接头连接;c)双向可调接头连接

锥螺纹接头拧紧力矩值表 表 7-12-4

钢筋直径(mm)	16	18	20	22	25~28	32	36~40
拧紧力矩(N·m)	118	145	177	216	275	314	343

普通锥螺纹连接质量检查与验收 表7-13

项　目	说　　明
型式检验	工程中应用钢筋锥螺纹接头时，该技术的提供单位应提供有效的型式检验报告。型式检验应按《钢筋机械连接通用技术规程》(JGJ 107)中有关规定执行
锥螺纹与连接套筒质量检验	1. 丝头牙形质量检验 牙形饱满，无断牙、秃牙缺陷，表面光洁，且与牙形规吻合的为合格(图7-16)。 2. 丝头锥度与小端直径质量检验 丝头锥度与卡规或环规吻合，小端直径在卡规或环规的允许偏差之内为合格(图7-17)。 3. 连接套筒质量检验 将锥螺纹塞规拧入连接套筒后，套筒的大端边缘在塞规大端的缺口范围之内的为合格(图7-18)
接头工艺检验	钢筋连接工程开始前及施工过程中，应对每批进场的钢筋和接头进行工艺检验： (1)每种规格钢筋母材进行抗拉强度试验。 (2)每种规格钢筋接头的试件数量不应少于三根。 (3)接头试件应达到现行行业标准《钢筋机械连接通用技术规程》(JGJ 107—96)表3.0.5中相应等级的强度要求
接头外观抽检	随机抽取同规格接头数的10%进行外观检查，应满足钢筋与连接套筒规格一致、接头无完整丝扣外露等外规要求
接头拧紧力矩抽检	采用质量检查专用力矩扳手，按表7-12-4规定的拧紧力矩值抽检接头的连接质量。不同结构部位的抽检数量： (1)梁、柱构件：按接头数的15%，且每个构件的接头抽检数不得少于1。 (2)基础、墙、板构件：按各自接头数以每100个接头为一个验收批，不足100个也作为一个验收批，每批抽检3个接头。 抽检的接头应全部合格，如有一个接头不合格，则该验收批接头应逐个检查，对查出的不合格接头应进行补强，并填写接头质量检查记录，见表7-13-1。

钢筋锥螺纹接头质量检查记录表 表7-13-1

工程名称					检验日期	
结构所在层数					构件种类	
钢筋规格	接头位置	无完整丝扣外露	规定力矩值(N·m)	施工力矩值(N·m)	检验力矩值(N·m)	检验结论

项目	说明

接头拧紧力矩抽检

续表 7-13-1

工程名称					检验日期	
结构所层数					构件种类	
钢筋规格	接头位置	无完整丝扣外露	规定力矩值（N·m）	施工力矩值（N·m）	检验力矩值（N·m）	检验结论

注：检验结论：合格"√"；不合格"×"。

检查单位：　　　　检查人员：

检验日期：　　　　负 责 人：

接头的现场检验

接头的现场检验按验收批进行，同一施工条件下同一批材料的同等级、同规格接头，以 500 个为一个验收批进行检查与验收，不足 500 个也应作为一个验收批。

对接头的每一个验收批，应在工程结构中随机截取 3 个试件作单向拉伸试验，按设计要求的接头性能等级进行检验和评定，并填写接头拉伸试验报告，见表 7-13-2。

在现场连续检验 10 个验收批，全部单向拉伸试件一次抽样均合格时，验收批接头数量可扩大一倍。

钢筋锥螺纹接头拉伸试验报告表　　表 7-13-2

工程名称		结构层数		构件名称		接头等级	
试件编号	钢筋规格 d (mm)	横截面积 A (mm^2)	屈服强度标准值 f_{yk} (MPa)	抗拉强度标准值 f_{tk} (MPa)	极限拉力实测值 P (kN)	抗拉强度实测值 $f_{mst}^0=P/A$ (MPa)	评定结果
评定结论							
备　注	1. $f_{mst}^0 \leqslant f_{tk}$ 且 $f_{mst}^0 \geqslant 0.9 f_{st}^0$ 为 A 级接头。 2. $f_{mst}^0 \geqslant 1.35 f_{yk}$ 为 B 级接头。 3. f_{st}^0 为钢筋母材抗拉强度实测值						

试验单位：(盖章) 负责人：　　试验员：　　试验日期：

7-3-2 镦粗型锥螺纹连接技术

在加工锥螺纹之前，先对钢筋的连接端部进行冷镦粗，然后，将冷镦粗段加工成锥螺纹丝头，再将钢筋丝头穿入已加工有锥形内螺纹的连接套筒，最后，采用力矩扳手将钢筋与连接套筒拧紧成为一体。冷镦粗后的钢筋接头，不仅截面尺寸大于母材，而且接头强度也大于相应钢筋母材的强度。镦粗型锥螺纹接头的锥坡为1:10，其接头性能可满足A级要求，详见表7-14。

镦粗型锥螺纹连接技术 表7-14

项目	说明
机具设备	1. 钢筋端头镦粗机 型号如：LD700～1800等。LD700型适用于钢筋直径16～25mm，LD1800型适用于钢筋直径28～40mm。 2. 锥螺纹套丝机 型号如：GTS—50等。 其他工具，如：量规、力矩扳手等，与普通锥螺纹连接技术相同。
施工工艺	1. 钢筋的加工与检验 (1)钢筋加工前需先进行调直，再用砂轮锯下料(不得用气割)。切口端面垂直于钢筋轴线。 (2)其加工工艺为：下料→镦粗→套丝→逐个检查套丝质量(用牙形规、卡规或环规)→质量合格的丝头加塑料保护套，待查和待用。 (3)钢筋端部镦粗 钢筋端部镦粗采用镦粗机进行。镦粗后的钢筋端头，经检验合格后，方可在套丝机上加工锥形螺纹。 (4)丝头的加工利用专用套丝机进行。其加工和质量检验方法同普通锥螺纹连接技术。 2. 套筒的加工与检验 套筒的加工与质量检验的方法同普通锥螺纹套筒。 部分镦粗型锥螺纹套筒接头(A级)规格尺寸见表7-14-1。 3. 连接工艺 与普通锥螺纹连接技术相同。

钢筋镦粗型锥螺纹套筒接头(A级)规格尺寸表 表7-14-1

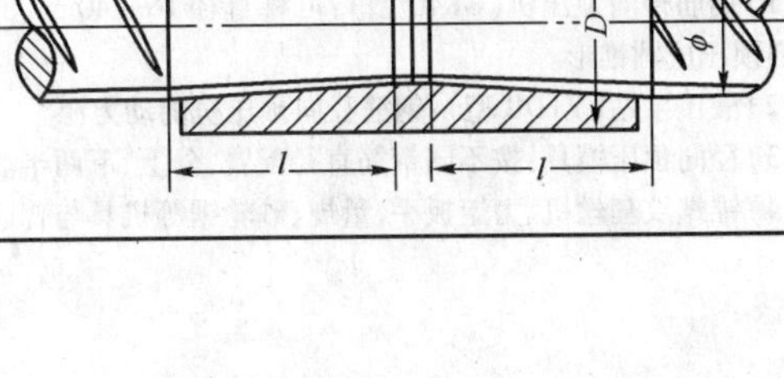

续上表

<table>
<tr><th>项 目</th><th colspan="5">说 明</th></tr>
<tr><td rowspan="10">施工工艺</td><td colspan="5">续表 7-14-1</td></tr>
<tr><td>钢筋公称直径</td><td>锥螺纹尺寸</td><td>l(mm)</td><td>L(mm)</td><td>D(mm)</td></tr>
<tr><td>20</td><td>ZM24 ×2.5</td><td>25</td><td>60</td><td>34</td></tr>
<tr><td>22</td><td>ZM26 ×2.5</td><td>30</td><td>70</td><td>36</td></tr>
<tr><td>25</td><td>ZM29 ×2.5</td><td>35</td><td>80</td><td>39</td></tr>
<tr><td>28</td><td>ZM32 ×2.5</td><td>40</td><td>90</td><td>43</td></tr>
<tr><td>32</td><td>ZM36 ×2.5</td><td>45</td><td>100</td><td>48</td></tr>
<tr><td>36</td><td>ZM40 ×2.5</td><td>50</td><td>110</td><td>52</td></tr>
<tr><td>40</td><td>ZM44 ×2.5</td><td>55</td><td>120</td><td>56</td></tr>
<tr><td colspan="5">注：摘自北京市北新施工技术研究所样本。</td></tr>
<tr><td>质量检验</td><td colspan="5">镦粗锥螺纹接头要求达到Ⅱ级以上标准，其试件破坏时应断在钢筋母材上。当钢筋母材超强 10% 以上时，允许接头部位破坏，但破断强度实测值要大于或等于钢筋母材标准极限强度的 1.1 倍。
其他质量检验方法与普通锥螺纹接头相同</td></tr>
</table>

7-3-3 GK 型锥螺纹连接技术

GK 型锥螺纹接头是在钢筋连接端加工前，先对钢筋连接端部沿径向通过压模施加压力，使其产生塑性变形，形成一个圆锥体，然后，按普通锥螺纹工艺，将预压后的圆锥体加工成锥形外螺纹，再穿入带锥形内螺纹的钢套筒，用力矩扳手拧紧，即可完成钢筋的连接。

由于钢筋端部在预压塑性变形过程中，根据冷作硬化的原理，预压变形后的钢筋端部材料强度比钢筋母材可提高 10% ~20%，因而锥螺纹的强度也相应得到提高，弥补了因加工锥螺纹减小钢筋截面而造成接头承载力下降的缺陷，从而提高了锥螺纹接头的强度。

在不改变主要工艺的前提下，GK 型锥螺纹连接技术可使锥螺纹接头部位的强度大于钢筋母材的实测极限强度。GK 型锥螺纹接头性能可满足Ⅱ级以上要求。该项技术为北京市建筑工程研究院研制专利，详见表 7-15。

GK 型锥螺纹连接技术 表 7-15

项 目	说 明
机具设备	(1)钢筋径向预压机(GK40 型)：可将直径 16 ~40mm 的 HRB335、HRB400 级钢筋端部预压成圆锥形。 (2)液压泵站(YTDB 型)：钢筋径向预压机的动力源。 (3)径向预压模具：按不同钢筋直径配置，分上、下两半。 (4)锥螺纹套丝机、力矩扳手、量规、砂轮锯等机具与普通锥螺纹连接技术相同

续上表

项 目	说 明
施工工艺	（见下）

1. 钢筋的加工与检验

(1)钢筋加工前先进行调直,再用砂轮锯下料(不得用气割)。要求钢筋端面与钢筋轴线垂直,不得挠曲或出现马蹄形。

(2)其加工工艺为:下料→径向预压→套丝→用量规逐个检查丝头质量→质量合格者加保护套,待查或待用。

(3)钢筋预压:将钢筋端头插入预压机的上、下压模之间,在预压机的高压下,上、下两压模沿钢筋端径向合拢,使钢筋端头产生塑性变形(图7-20)。

当压力达到设计规定值后,上、下两压模分离,这时钢筋端头受压区部位的所有纵、横肋均被压平,使钢筋端头成为一个圆锥体。

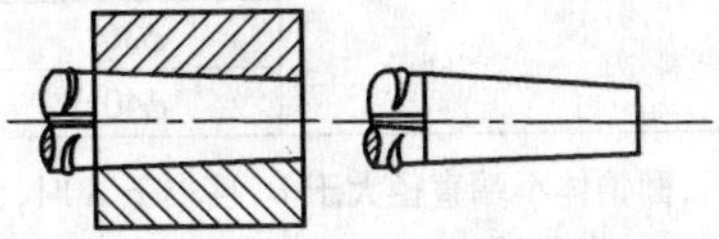

a)　　　　b)

图7-20　钢筋端头预压示意图

a)钢筋端头插入压模;b)变形后的钢筋端头

预压操作人员必须持证上岗。操作时采用的压力值应符合产品供应单位根据型式检验确定的技术参数要求。钢筋端部预压技术参数见表7-15-1。

钢筋端头预压技术参数表　　表7-15-1

钢筋规格(mm)	压力值范围(kN)	GK型机油压值范围(MPa)	钢筋规格(mm)	压力值范围(kN)	GK型机油压值范围(MPa)
ϕ16	620~730	24~28	ϕ28	1 140~1 250	44~48
ϕ18	680~780	26~30	ϕ32	1 400~1 510	54~58
ϕ20	680~780	26~30	ϕ36	1 610~1 710	62~66
ϕ22	680~780	26~30	ϕ40	1 710~1 820	66~70
ϕ25	990~1 090	38~42			

注:若改变预压机机型,该表中压力值范围不变,但油压值范围要相应改变,具体数值由生产厂家提供。

预压操作时,钢筋端部完全插入预压机压模中,直至前挡板处。钢筋摆放位置要求:对于一次预压成形,钢筋纵肋沿竖向顺时针或逆时针旋转20~40°;对于两次预压成形,第一次预压时钢筋纵肋向上,第二次预压时钢筋顺时针或逆时针旋转90°。每次按规定的压力进行预压,预压成形次数见表7-15-2。

钢筋端部预压成形次数表　　表7-15-2

预压成形次数	钢筋直径(mm)	预压成形次数	钢筋直径(mm)
1	16~20	2	22~40

预压操作人员应使用检测规对预压后的钢筋端头逐个进行自检,经自检合格的预压端头,再由质检人员按要求对各种规格本次加工批抽检10%,如有一个端头不合格,即应责成操作人员对该加工批全部复查。对不合格的预压端头,应二次预压或切除重新预压。经再次检验合格后,方可进行套丝加工,预压端头检验标准见表7-15-3。

续上表

项目	说明

施工工艺

预压端头检验表　　表 7-15-3

检测规简图	钢筋规格	A(mm)	B(mm)
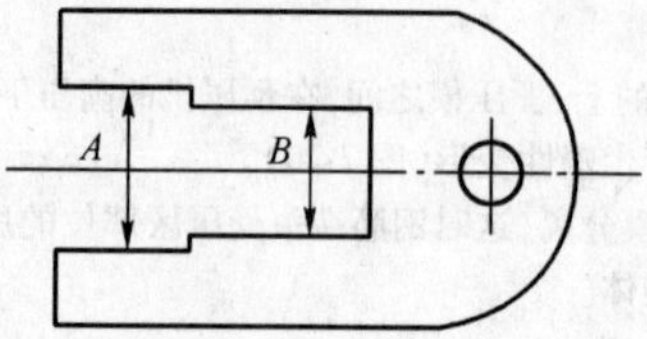	$\phi16$	17.0	14.5
	$\phi18$	18.5	16.0
	$\phi20$	19.0	17.5
	$\phi22$	22.0	19.0
	$\phi25$	25.0	22.0
	$\phi28$	27.5	24.5
	$\phi32$	31.5	28.0
	$\phi36$	35.5	31.5
	$\phi40$	39.5	35.0

钢筋端头预压后，圆锥体小端直径大于 B，且小于 A 时，为合格，参考表 7-15-3。

钢筋预压检验记录见表 7-15-4。

钢筋预压检验记录表　　表 7-15-4

工程名称			结构所在层数	
压头数量		抽检数量	构件种类	
序　号	钢 筋 规 格		检 验 结 论	

注：1. 按每种规格每批加工数的 10% 检验。

2. 检验合格的打"√"，不合格的打"×"。

检查单位：　　检查人员：

日　　期：　　负 责 人：

(4) 丝头的加工与检验：丝头的加工采用专用套丝机进行。其加工工艺与质量检查方法同普通锥螺纹连接技术。

2. 钢套筒的加工与检验

其加工工艺与质量检查方法同普通锥螺纹套筒。

3. 连接工艺

同普通锥螺纹连接技术

质量检验

GK 型锥螺纹接头应达到现行国家行业标准(JGJ 109—96)及(JGJ 107—2003)接头性能要求，同时，要求试件在破坏时断在钢筋母材上。当钢筋母材超强 10% 以上时，允许 GK 型锥螺纹在接头部位破坏，但破断强度实测值应大于或等于钢筋母材标准极限强度的 1.1 倍。

其他质量检验方法同普通锥螺纹连接技术

7-4 直螺纹连接技术

7-4-1 镦粗直螺纹连接技术

镦粗直螺纹钢筋接头是通过冷镦粗设备,先将钢筋连接端头冷镦粗,再在镦粗端加工成直螺纹丝头,然后,将两根已镦粗套丝的钢筋连接端穿入配套加工的连接套筒,旋紧后,即成为一个完整的接头。

该接头的钢筋端部经冷镦后不仅直径增大,使加工后的丝头螺纹底部部最小直径不小于钢筋母材的直径;而且钢筋冷镦后,还可提高接头部位的强度。因此,该接头可与钢筋母材等强,其性能可达到 SA 级要求。该项技术由中国建筑科学研究院在 1995 年研制开发,1997 年通过建设部鉴定,被建设部列为国家级科技成果推广项目并于 1999 年批准和颁布了国家建筑工业行业标准《镦粗直螺纹钢筋接头》(JG/T 3057—1999)。这种接头具有下列特点:

(1)接头强度高:镦粗直螺纹接头不削弱钢筋母材截面积,冷镦后还可提高钢材强度。能充分发挥 HRB335、HRB400 级钢筋的强度和延性。

(2)连接速度快:套筒短、螺纹丝扣少、施工方便、连接速度快。

(3)应用范围广:除适用于水平、垂直钢筋连接外,还适用于弯曲钢筋及钢筋笼等不能转动钢筋的连接。

(4)生产效率高:现在镦粗、切削一个丝头仅需 30 ~ 50s,每套设备每班可加工 400 ~ 600 个丝头。

(5)适应性强:现场施工时,风、雨、停电、水下、超高等环境均适用。

(6)节能、经济:钢材比锥螺纹接头约节省 35%,比套筒挤压接头约节省 70%;成本与套筒挤压接头相近,粗直径钢筋约节省钢材 20%。

1. 镦粗直螺纹连接接头的分类和适用范围

镦粗直螺纹连接接头的分类和适用范围见表 7-16。

镦粗直螺纹连接接头的分类和适用范围 表 7-16

项目	说　明
适用范围	适用于钢筋混凝土结构中直径 16 ~ 40mm 的 HRB335、HRB400 级钢筋的连接。其接头类型见表7-16-2及图 7-21。 由于镦粗直螺纹钢筋接头的性能指针可达到 SA 级(等强级)标准,因此,适用于一切抗震和非抗震设防工程中的任何部位。必要时,在同一连接范围内钢筋接头的百分率,可以不受限制。如:钢筋笼的钢筋对接;伸缩缝或新老结构连接部位钢筋的对接以及滑模施工的筒体或墙体同以后施工的水平结构(如梁)的钢筋连接等

续上表

项目	说　明

(1)按接头的钢筋级别分类，见表7-16-1。

接头的钢筋级别分类表　　表7-16-1

序　号	接头适用钢筋强度级别	代　号
1	HRB 335(Ⅱ级钢筋)	Ⅱ
2	HRB 400(Ⅲ级钢筋)	Ⅲ

(2)按接头的使用要求分类，见表7-16-2及图7-21。

接头按使用要求分类　　表7-16-2

序号	型　式	使 用 场 合	特性代号
1	标准型	正常情况下连接钢筋	省略
2	加长型	用于转动钢筋较困难的场合，通过转动套筒连接钢筋	C
3	扩口型	用于钢筋较难对中的场合	K
4	异径型	用于连接不同直径的钢筋	Y
5	正反丝扣型	用于两端钢筋均不能转动，而要求调节轴向长度的场合	ZF
6	加锁母型	钢筋完全不能转动，通过转动套筒连接钢筋，用锁母锁定套筒	S

接头分类

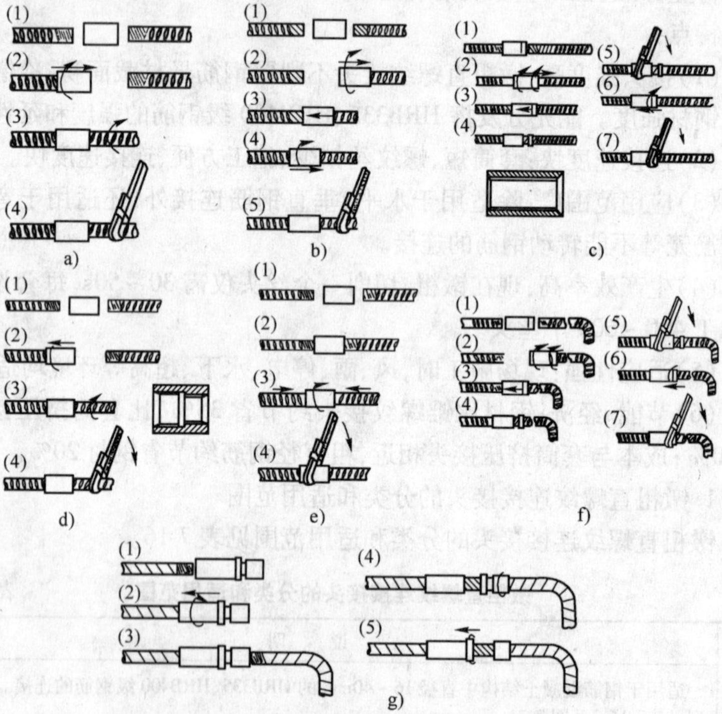

图7-21　按使用要求钢筋接头分类示意图

a)标准型接头；b)加长型接头；c)扩口型接头；d)变径型接头；e)正反丝扣型接头；f)加锁母型接头；g)可调型接头

注：图中(1)～(7)为接头连接时的操作顺序。

续上表

项目	说　明
接头分类	(3)直螺纹连接套筒分为下列类型(图7-22) ①标准型套筒 带右旋等直径内螺纹,端部二个螺距带有锥度(图7-22)。 ②扩口型套筒 带右旋等直径内螺纹,一端带有45°或60°的扩口,以便于对中入扣(图7-22)。 ③变径型套筒 带右旋两端具有不同直径的内直螺纹,用于连接不同直径的钢筋(图7-22)。 ④正反扣型套筒 套筒两端各带左、右旋等直径内螺纹,用于钢筋不能转动的场合(图7-22)。 ⑤可调型套筒 套筒中部带有加长型调节螺纹,用于钢筋轴向位置不能移动且不能转动时的连接(图7-22)。 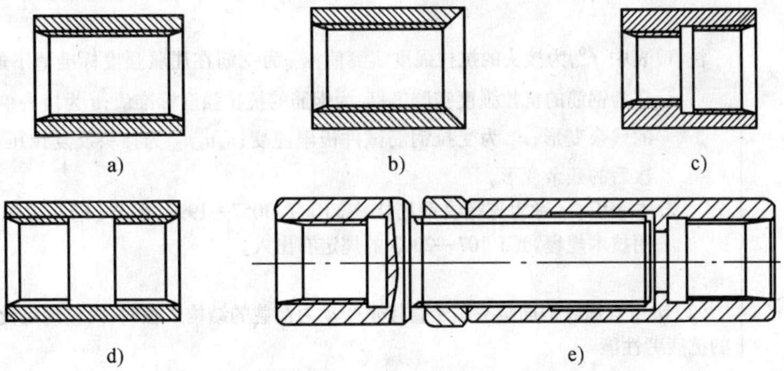 图7-22　连接套筒分类图 a)标准型套筒;b)扩口型套筒;c)变径型套筒;d)正、反丝扣型套筒;e)可调型套筒

2.镦粗直螺纹连接接头的材料要求、技术性能和使用要求

镦粗直螺纹连接接头的材料要求、技术性能和使用要求见表7-17。

镦粗直螺纹连接接头的材料要求、技术性能和使用要求　　表7-17

项　目	说　明
材料要求	(1)钢筋:应符合现行国家标准GB 1499的要求。 (2)连接套筒与锁母:宜使用优质碳素结构钢或合金结构钢,并应有供货单位的质量检验合格证书

续上表

<table>
<tr><th>项 目</th><th>说 明</th></tr>
<tr><td>技术性能</td><td>
(1)镦粗直螺纹钢筋接头的技术性能应满足强度和变形等方面的要求,其性能指标见表7-17-1。
镦粗直螺纹钢筋接头性能指标表 表7-17-1
<table>
<tr><th colspan="2">等 级</th><th>SA级</th></tr>
<tr><td rowspan="3">单向拉伸</td><td>强度</td><td>$f_{mst}^0 \geqslant f_{st}^0$ 或 $f_{mst}^0 \geqslant f_{tk}$</td></tr>
<tr><td>极限应变</td><td>$\varepsilon_u \geqslant 0.04$</td></tr>
<tr><td>残余变形</td><td>$u \leqslant 0.1mm$</td></tr>
<tr><td rowspan="2">高应力反复拉压</td><td>强度</td><td>$f_{mst}^0 \geqslant f_{st}^0$ 或 $f_{mst}^0 \geqslant f_{tk}$</td></tr>
<tr><td>残余变形</td><td>$u_{20} \leqslant 0.3mm$</td></tr>
<tr><td rowspan="2">大变形反复拉压</td><td>强度</td><td>$f_{mst}^0 \geqslant f_{st}^0$ 或 $f_{mst}^0 \geqslant f_{tk}$</td></tr>
<tr><td>残余变形</td><td>$u_4 \leqslant 0.3mm$ 且 $u_8 \leqslant 0.6mm$</td></tr>
</table>
注:1. 表中,f_{mst}^0 为接头的抗拉强度实测值;ε_{yk} 为钢筋在屈服强度标准值下的应变;f_{st}^0 为钢筋的抗拉强度实测值;f_{tk} 为钢筋的抗拉强度标准值;u 为接头单向拉伸的残余变形;ε_u 为受拉钢筋试件极限应变;$u_4 u_8 u_{20}$ 为接头反复拉压4,8,20次后的残余变形。
2. 本表引自《镦粗直螺纹钢筋接头》JG/T 3057—1999,但与《钢筋机械连接通用技术规程》JGJ 107—2003的规定有出入。
(2)镦粗直螺纹钢筋接头用于直接承受动力荷载的结构工程时,尚应满足设计要求的抗疲劳性能
</td></tr>
<tr><td>使用要求</td><td>
1. 丝头
不同工况下,丝头应满足下列使用要求:
(1)适用于标准型接头的丝头,其长度应为1/2套筒长度,公差为+1P(P为螺距),以保证套筒在接头居中位置。
(2)适用于加长型接头的丝头,其长度应大于套筒长度,以满足只需转动套筒即可进行钢筋连接的要求
2. 连接套筒
不同工况下,连接套筒应满足下列使用要求:
(1)标准型套筒应便于正常情况下进行钢筋连接。
(2)变径型套筒应满足不同直径钢筋的连接要求。
(3)扩口型套筒应满足钢筋较难对中工况下,便于入扣连接的要求
</td></tr>
</table>

3. 镦粗直螺纹连接接头的机具设备和工艺要点

镦粗直螺纹连接接头的机具设备和工艺要点见表7-18。

镦粗直螺纹连接接头的机具设备和工艺要点 表7-18

项目	说明
机具设备	见下

1. 直螺纹镦粗、套丝设备

镦粗直螺纹使用的机具设备主要有镦头机、套丝机和高压油泵等，其型号见表7-18-1。

镦粗直螺纹机具设备表 表7-18-1

镦机头				套丝机		高压油泵	
型号	LD700	LD800	LD1800	型号	TS40		
镦压力(kN)	700	1 000	2 000	功率(kW)	4.0	电机功率(kW)	3.0
行程(mm)	40	50	65	转速(r/min)	40	最高额定压力(MPa)	63
适用钢筋直径(mm)	16~25	16~32	28~40	适用钢筋直径(mm)	16~40	流量(L/min)	6
质量(kg)	200	385	550	质量(kg)	400	质量(kg)	60
外形尺寸(mm)	575×250×250	690×400×370	803×425×425	外形尺寸(mm)	1 200×1 050×550	外形尺寸(mm)	645×525×335

注：本表机具设备为北京建硕钢筋连接工程有限公司产品。

上述设备机具应配套使用，每套设备平均40s生产一个丝头，每台班可生产400~600个丝头。

2. 检验工具

(1) 环规：丝头质量检验工具。每种丝头直螺纹的检验工具分为止端螺纹环规和通端螺纹环规两种(图7-23)。

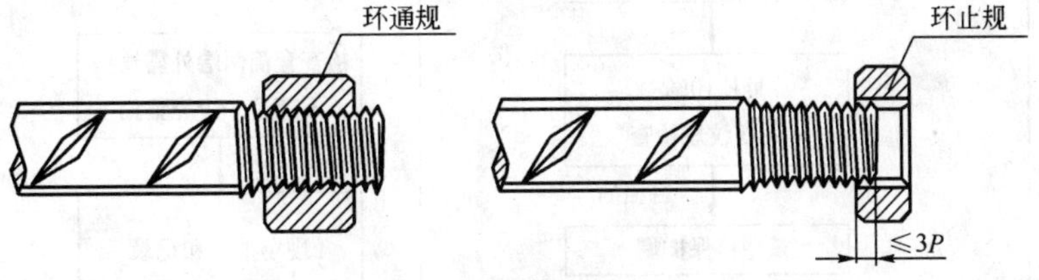

图7-23 丝头质量检验示意图

(2) 塞规：套筒质量检验工具。每种套筒直螺纹的检验工具分为止端螺纹塞规和通端螺纹塞规两种(图7-24)。

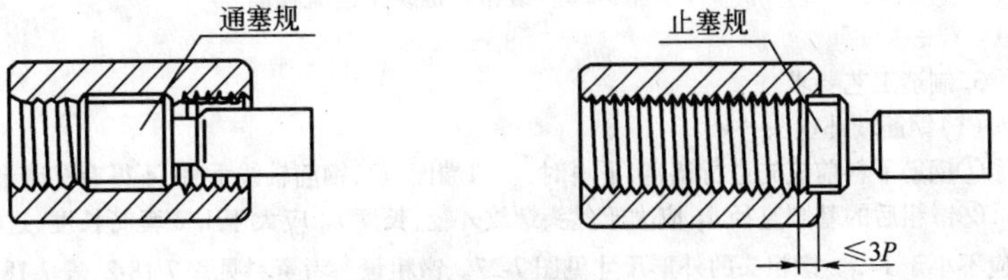

图7-24 套筒质量检验示意图

(3) 卡尺等。

续上表

项目	说明

工艺要点

1. 工艺原理

镦粗直螺纹接头工艺是先利用冷镦机将钢筋端部镦粗，再用套丝机在钢筋端部的镦粗段上加工直螺纹，然后用连接套筒将两根钢筋对接。由于钢筋端部冷镦后，不仅截面加大；而且强度也有提高，加之钢筋端部加工直螺纹后，其螺纹底部的最小直径，应不小于钢筋母材的直径。因此，该接头可与钢筋母材等强，其工艺简图见图 7-25。

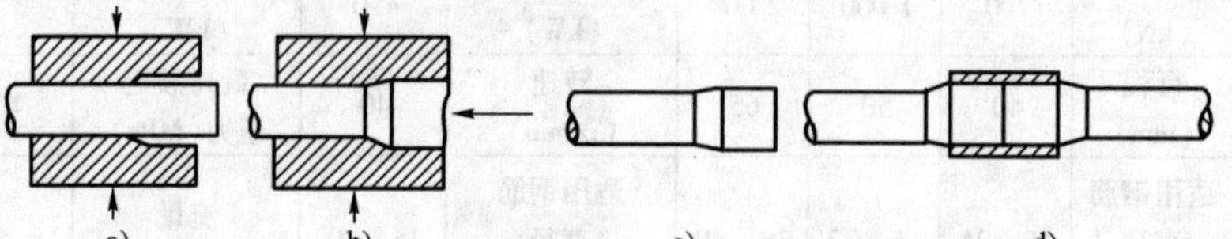

图 7-25　镦粗直螺纹工艺简图

a）夹紧钢筋；b）冷镦扩粗；c）加工丝头；d）对接钢筋

2. 工艺流程

镦粗直螺纹的工艺流程见图 7-26。

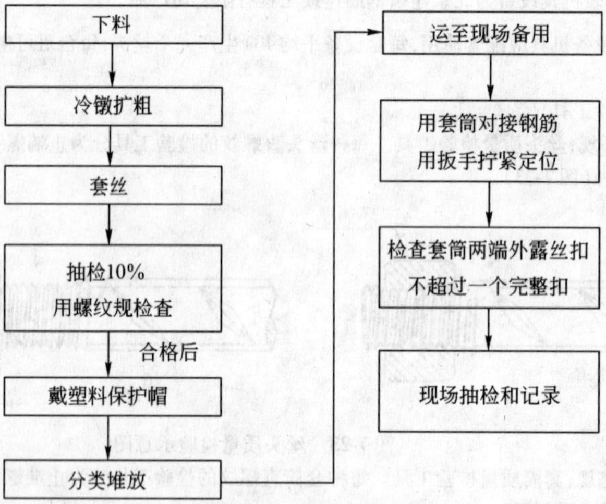

图 7-26　镦粗直螺纹工艺流程图

3. 制造工艺要求

(1) 钢筋端部丝头

①钢筋下料前应先进行调直，下料时，切口端面应与钢筋轴线垂直，不得有马蹄形或挠曲。

②镦粗后的基圆直径 d_1 应大于丝头螺纹外径，长度 L_0 应大于 1/2 套筒长度，过渡段坡度应不小于 1∶3。镦粗头的外形尺寸见图 7-27。镦粗量参考资料见表 7-18-2、表 7-18-3。

续上表

项目	说明
工艺要点	（见下）

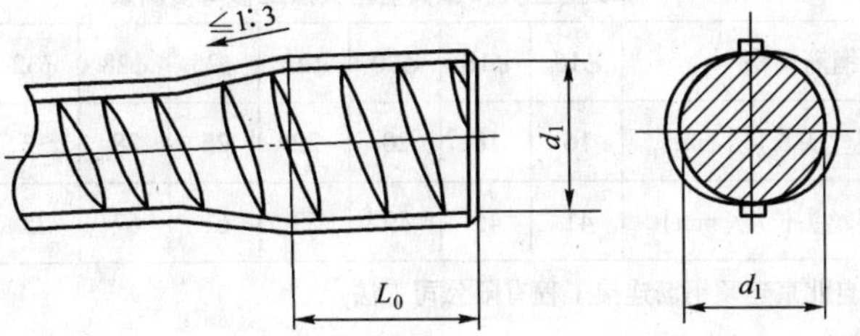

图 7-27　镦粗头外形尺寸示意图

镦粗量参考资料表　　表 7-18-2

钢筋规格	ϕ16	ϕ18	ϕ20	ϕ22	ϕ25	ϕ28	ϕ32	ϕ36	ϕ40
镦粗压力 MPa	12 ~ 14	15 ~ 17	17 ~ 19	21 ~ 23	22 ~ 24	24 ~ 26	29 ~ 31	26 ~ 28	28 ~ 30
镦粗基圆直径 d_1（mm）	19.5 ~ 20.5	21.5 ~ 22.5	23.5 ~ 24.5	24.5 ~ 25.5	28.5 ~ 29.5	31.5 ~ 32.5	35.5 ~ 36.5	39.5 ~ 40.5	44.5 ~ 45.5
镦粗缩短尺寸（mm）	12 ±3	12 ±3	12 ±3	15 ±3	15 ±3	15 ±3	18 ±3	18 ±3	18 ±3
镦粗长度 L_0（mm）	16 ~ 18	18 ~ 20	20 ~ 23	22 ~ 25	25 ~ 28	28 ~ 31	32 ~ 35	36 ~ 39	40 ~ 43

注：摘自北京建硕钢筋连接工程有限公司工法。

镦粗量参考资料表　　表 7-18-3

钢筋规格	ϕ22	ϕ25	ϕ28	ϕ32	ϕ36	ϕ40
镦粗直径 d_1（mm）	26	29	32	36	40	44
镦粗长度 L_0（mm）	30	33	35	40	44	50

注：摘自北京市北新施工技术研究所产品图册。

表中镦粗压力和镦粗缩短尺寸仅为参考值。在每批钢筋进场加工前应先做镦头试验，以镦粗量合格为标准来调整最佳镦粗压力和缩短尺寸。

③镦粗头不得有与钢筋轴线相垂直的横向表面裂纹。

④不合格的镦粗头应切去后重新镦粗，不得在原镦粗段进行二次镦粗。

⑤如选用热镦工艺镦粗钢筋，则应在室内进行镦头加工。

⑥加工钢筋丝头时，应采用水溶性切削润滑液，当气温低于 0℃时应有防冻措施，不得在不加润滑液的状态下套丝。

⑦钢筋丝头的螺纹应与连接套筒的螺纹相匹配，公差带应符合 GB/T 197 的要求，可选用 6f。

标准型丝头和加长型丝头加工长度的参考资料见表 7-18-4 和表 7-18-5。丝头长度偏差一般不宜超过 +1P（P 为螺距）。

项目	说明

标准型丝头和加长型丝头加工参考资料表 表 7-18-4

钢筋规格	$\phi16$	$\phi18$	$\phi20$	$\phi22$	$\phi25$	$\phi28$	$\phi32$	$\phi36$	$\phi40$
标准型丝头长度(mm)	16	18	20	22	25	28	32	36	40
加长型丝头长度(mm)	41	45	49	53	61	67	75	85	93

注:摘自北京建硕钢筋连接工程有限公司工法。

标准型丝头加工参考资料表 表 7-18-5

钢筋规格	$\phi20$	$\phi22$	$\phi25$	$\phi28$	$\phi32$	$\phi36$	$\phi40$
标准型丝头规格	M24×2.5	M26×2.5	M29×2.5	M32×3	M36×3	M40×3	M44×3
标准型丝头长度(mm)	28	30	33	35	40	44	48

注:摘自北京市北新施工技术研究所产品图册。

工艺要点

(2)套筒

①套筒内螺纹的公差带应符合 GB/T 197 的要求,可选用 6*H*;

②应进行表面防锈处理;

③套筒材料、尺寸、螺纹规格、公差带及精度等级还应符合产品设计图纸的要求。

④连接套筒的加工参考资料中标准型套筒见表 7-18-6、正反扣型套筒见表 7-18-7、变径型套筒见表 7-18-8、可调型套筒见表 7-18-9。

标准型套筒加工参考资料表 表 7-18-6

简图	型号与标记	M$d\times t$	D(mm)	L(mm)
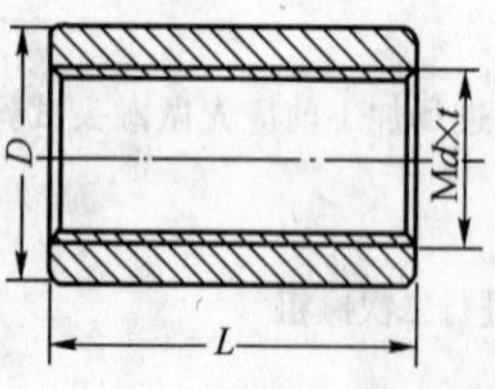	A20S—G	24×2.5	36	50
	A22S—G	26×2.5	40	55
	A25S—G	29×2.5	43	60
	A28S—G	32×3	46	65
	A32S—G	36×3	52	72
	A36S—G	40×3	58	80
	A40S—G	44×3	65	90

注:引自北京市北新施工技术研究所产品图册。

续上表

项目	说明
工艺要点	见下列各表

反正丝扣型套筒加工参考资料表　　表 7-18-7

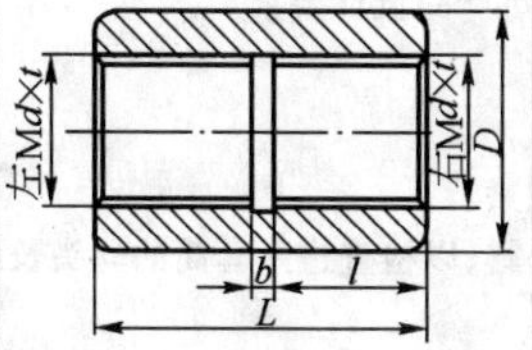

简图	型号与标记	右 Md×t	左 Md×t	D (mm)	L (mm)	l (mm)	b (mm)
	A20SLR—G	24×2.5	24×2.5	38	56	24	8
	A22SLR—G	26×2.5	26×2.5	42	60	26	8
	A25SLR—G	29×2.5	29×2.5	45	66	29	8
	A28SLR—G	32×3	32×3	48	72	31	10
	A32SLR—G	36×3	36×3	54	80	35	10
	A36SLR—G	40×3	40×3	60	86	38	10
	A40SLR—G	44×3	44×3	67	96	43	10

注:同表 7-18-6。

变径型套筒加工参考资料表　　表 7-18-8

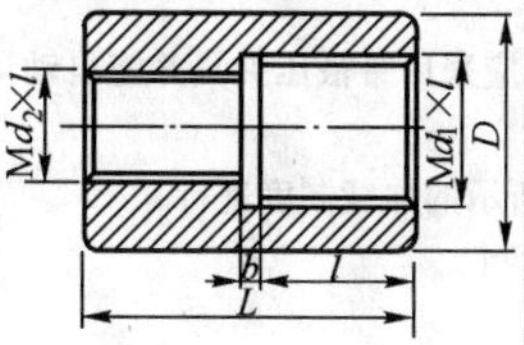

简图	型号与标记	$Md_1 \times t$	$Md_2 \times t$	b (mm)	D (mm)	l (mm)	L (mm)
	AS20-20	M26×2.5	M24×2.5	5	42	26	57
	AS22-25	M29×2.5	M26×2.5	5	45	29	63
	AS25-28	M32×3	M29×2.5	5	48	31	67
	AS28-32	M36×3	M32×3	6	54	35	76
	AS32-36	M40×3	M36×3	6	60	38	82
	AS36-40	M44×3	M40×3	6	67	43	92

注:同表 7-18-6。

可调型套筒加工参考资料表　　表 7-18-9

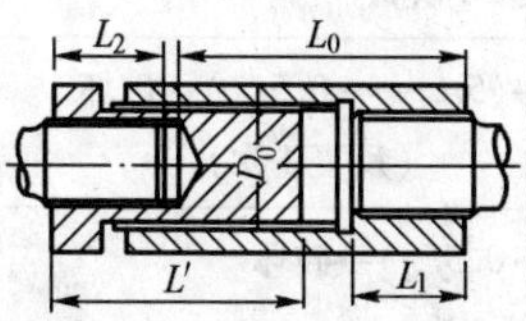

简图	型号和规格	钢筋规格 φ(mm)	D_0 (mm)	L_0 (mm)	L' (mm)	L_1 (mm)	L_2 (mm)
	DSJ—22	22	40	73	52	35	35
	DSJ—25	25	45	79	52	40	40
	DSJ—28	28	48	87	60	45	45
	DSJ—32	32	55	89	60	50	50
	DSJ—36	36	64	97	66	55	55
	DSJ—40	40	68	121	84	60	60

注:同表 7-18-6。

续上表

<table>
<tr><th>项目</th><th>说　明</th></tr>
<tr><td>外观质量要求</td><td>1. 丝头
(1)牙形饱满，牙顶宽超过 0.6mm 秃牙部分累计长度不应超过一个螺纹周长。
(2)外形尺寸(包括螺纹直径及丝头长度等)应满足产品设计要求。
(3)检验合格的丝头应加塑料保护帽。
2. 套筒
(1)表面无裂纹及其他缺陷。
(2)外形尺寸(包括套筒内螺纹直径及套筒长度等)应满足产品设计要求。
(3)检验合格的套筒两端应加塑料保护塞。
3. 接头
(1)接头拼接时，应使两个丝头在套筒中央位置且相互顶紧。
(2)拼接完成后，套筒每端不得有一扣以上的完整丝扣外露，以检查进入套筒的丝头长度。加长型接头的外露丝扣数不受限制，但应另有明显标记</td></tr>
</table>

4. 镦粗直螺纹连接接头质量检验。

镦粗直螺纹连接接头质量检验见表 7-19。

镦粗直螺纹连接接头质量检验　　表 7-19

<table>
<tr><th>项　目</th><th>说　明</th></tr>
<tr><td>试验方法</td><td>1. 型式检验的加载制度
钢筋接头的高应力反复拉压、大变形反复拉压试验，应采用带液压夹具并能自动记录应力应变全过程的试验机进行。
接头型式检验的试验方法应按表 7-19-1 及图 7-28 所示的加载制度进行。
接头现场单向拉伸试验可采用零到破坏的一次加载制。

接头型式检验的加载制度表　　表 7-19-1
<table>
<tr><th colspan="2">试验项目</th><th>加 载 制 度</th></tr>
<tr><td colspan="2">单向拉伸</td><td>$0\rightarrow0.6f_{yk}\rightarrow0.02f_{yk}\rightarrow0.6f_{yk}\rightarrow0.02f_{yk}\rightarrow0.6f_{yk}$
(测量非弹性变形)→最大拉力→0(测定总伸长率)</td></tr>
<tr><td colspan="2">高应力反复拉压</td><td>$0\rightarrow(0.9f_{yk}\rightarrow-0.5f_{yk})\rightarrow$破坏
(反复 20 次)</td></tr>
<tr><td rowspan="2">大变形反复拉压</td><td>I 级
II 级</td><td>$0\rightarrow(2\varepsilon_{yk}\rightarrow-0.5f_{yk})\rightarrow(5\varepsilon_{yk}\rightarrow-0.5f_{yk})\rightarrow$破坏
(反复 4 次)　(反复 4 次)</td></tr>
<tr><td>III 级</td><td>$0\rightarrow(2\varepsilon_{yk}\rightarrow-0.5f_{yk})\rightarrow$破坏
(反复 4 次)</td></tr>
</table>
注：表中 f_{yk} 为钢筋屈服强度标准值；ε_{yk} 为钢筋在屈服强度标准值下的应变。</td></tr>
</table>

续上表

<table>
<tr><th>项 目</th><th>说 明</th></tr>
<tr><td>试验方法</td><td>
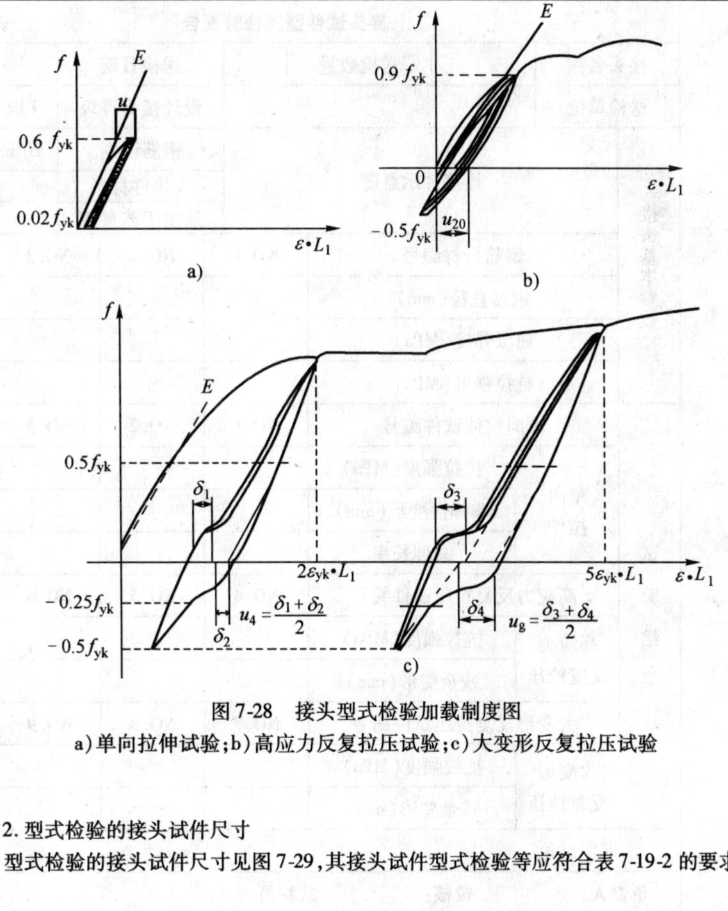

图 7-28 接头型式检验加载制度图
a)单向拉伸试验;b)高应力反复拉压试验;c)大变形反复拉压试验

2. 型式检验的接头试件尺寸
型式检验的接头试件尺寸见图 7-29,其接头试件型式检验等应符合表 7-19-2 的要求。

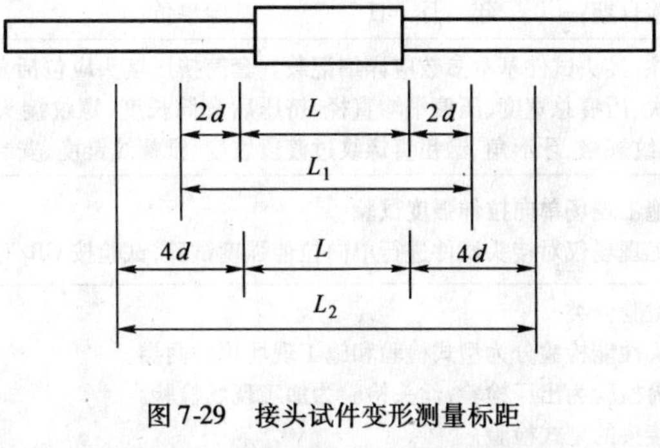

图 7-29 接头试件变形测量标距

图中,L_1 为非弹性变形、残余变形测量标距;L_2 为总伸长率测量标距;L 为机械接头长度;d 为钢筋公称直径
</td></tr>
</table>

续上表

<table>
<tr><th>项目</th><th colspan="7">说明</th></tr>
<tr><td rowspan="25">试验方法</td><td colspan="7">接头试件型式检验报告 表 7-19-2</td></tr>
<tr><td colspan="2">接头名称</td><td></td><td>送检数量</td><td></td><td>送检日期</td><td></td></tr>
<tr><td colspan="2">送检单位</td><td colspan="3"></td><td>设计接头等级</td><td>Ⅰ级 Ⅱ级 Ⅲ级</td></tr>
<tr><td rowspan="7">接头基本参数</td><td colspan="4" rowspan="3">连接件示意图</td><td>钢筋级别</td><td>HRB335 HRB400</td></tr>
<tr><td>连接件材料</td><td></td></tr>
<tr><td>连接工艺参数</td><td></td></tr>
<tr><td colspan="2">钢筋母材编号</td><td>NO.1</td><td>NO.2</td><td>NO.3</td><td>要求指标</td></tr>
<tr><td colspan="2">钢筋直径(mm)</td><td></td><td></td><td></td><td></td></tr>
<tr><td colspan="2">屈服强度(MPa)</td><td></td><td></td><td></td><td></td></tr>
<tr><td colspan="2">抗拉强度(MPa)</td><td></td><td></td><td></td><td></td></tr>
<tr><td rowspan="10">试验结果</td><td colspan="2">单向拉伸试件编号</td><td>NO.1</td><td>NO.2</td><td>NO.3</td><td></td></tr>
<tr><td rowspan="3">单向拉伸</td><td>抗拉强度(MPa)</td><td></td><td></td><td></td><td></td></tr>
<tr><td>非弹性变形(mm)</td><td></td><td></td><td></td><td></td></tr>
<tr><td>总伸长率</td><td></td><td></td><td></td><td></td></tr>
<tr><td colspan="2">高应力反复拉压试件编号</td><td>NO.4</td><td>NO.5</td><td>NO.6</td><td></td></tr>
<tr><td rowspan="2">高应力反复拉压</td><td>抗拉强度(MPa)</td><td></td><td></td><td></td><td></td></tr>
<tr><td>残余变形(mm)</td><td></td><td></td><td></td><td></td></tr>
<tr><td colspan="2">大变形反复拉压试件编号</td><td>NO.7</td><td>NO.8</td><td>NO.9</td><td></td></tr>
<tr><td rowspan="2">大变形反复拉压</td><td>抗拉强度(MPa)</td><td></td><td></td><td></td><td></td></tr>
<tr><td>残余变形(mm)</td><td></td><td></td><td></td><td></td></tr>
<tr><td colspan="2">评定结论</td><td colspan="5"></td></tr>
<tr><td colspan="7">负责人： 校核： 试验员：</td></tr>
<tr><td colspan="7">试验日期： 年 月 日 试验单位：</td></tr>
<tr><td colspan="7">注:接头试件基本参数应详细记载。套筒挤压接头应包括套筒长度、外径、内径、挤压道次、压痕总宽度、压痕平均直径、挤压后套筒长度;螺纹接头应包括连接套长度、外径、螺纹规格、牙形角、镦粗直螺纹过渡段坡度、锥螺纹锥度、安装时拧紧力矩等。</td></tr>
<tr><td colspan="7">3. 施工现场单向拉伸强度试验
施工现场仅对接头试件进行单向拉伸强度试验,试验按 GB/T 228 进行</td></tr>
<tr><td>检验规则</td><td colspan="7">1. 检验分类
接头性能检验分为型式检验和施工现场检验两类。
套筒检验为出厂检验;丝头检验为加工现场检验。
2. 接头的型式检验
(1)在下列情况下需进行型式检验:
①接头产品需鉴定确定其性能等级时。</td></tr>
</table>

续上表

项 目	说 明
检验规则	②材料、工艺及规格进行改动时。 ③套筒加工单位停产一年以上时。 ④质量监督部门提出专门要求时。 (2)型式检验的内容与性能指标见表 7-17-1。 (3)对每种型式、级别、规格、材料和工艺的机械连接接头,其型式检验的试件不应少于9个;其中单向拉伸试件不应少于3个,高应力反复拉压试件不应少于3个,大变形反复拉压试件不应少于3个。同时,尚应取3个同批、同规格钢筋试件做力学性能试验。 (4)型式检验的加载制度,应按表 7-19-1 和图 7-28 的规定进行,其合格条件为: ①强度检验:每个试件的实测值均应符合表 7-17-1 规定的检验指标。 ②极限应变和残余变形的检验:每组试件的实测平均值均应符合表 7-17-1 规定的检验指标。 (5)型式检验应由国家和省、部级主管部门认可的检测机构进行,并应出具试验报告和评定结论。 3. 接头的施工现场检验 (1)技术提供单位应向使用单位提供有效的型式检验报告。 (2)钢筋连接工程开始前及施工过程中,应对每批进场钢筋进行接头工艺试验,工艺试验应符合下列要求: ①每种规格的钢筋接头试件不应少于3根。 ②对接头试件的钢筋母材应进行抗拉强度试验。 ③每根接头试件除应满足表 7-17-1 的强度要求外,尚应大于或等于 0.95 倍钢筋母材的实际抗拉强度 f_{st}^{0}。计算实际抗拉强度时,应采用钢筋的实际横截面面积。 (3)现场检验应进行外观质量检查和单向拉伸强度试验。 (4)接头的现场检验按验收批进行。同一施工条件下,采用同一批材料加工的同等级、同型式、同规格的接头,以500个为一个验收批进行检查与验收,不足500个也作为一个验收批。 (5)对接头的每一个验收批,必须在工程结构中随机截取3个试件做单向拉伸强度试验,并按表 7-17-1 的强度要求确定其性能等级。 当3个试件的单向拉伸试验结果均符合表 7-17-1 的强度要求时,该验收批为合格。当有一个试件的强度不合格时,应再截取6个试件进行复检,复检中如仍有一个试件的试验结果不合格,则该验收批为不合格。 (6)当在现场连续检验10个验收批,其全部单向拉伸试件一次抽样均合格时,验收批的接头数量可扩大一倍。 4. 丝头加工现场检验 (1)检验项目 丝头加工的现场检验项目、检验方法及检验要求见表 7-19-3 和图 7-23。

续上表

项目　　说明

检验规则

丝头加工现场检验项目表　　表 7-19-3

序号	检验项目	量具名称	检验要求
1	外观质量	目测	牙形饱满，牙顶宽超过 0.6mm 秃牙部分累计长度不超过一个螺纹周长
2	外形尺寸	卡尺或专用量具	丝头长度应满足设计要求，标准型接头的丝头长度公差为 $+1P$（P 为螺距）
3	螺纹大径	光面轴用量规	通端量规应能通过螺纹的大径，而止端量规则不应通过螺纹大径
4	螺纹中径及小径	通端螺纹环规	能顺利旋入螺纹并达到旋合长度
		止端螺纹环规	允许环规与端部螺纹部分旋合，旋入量不应超过 $3P$（P 为螺距）

（2）组批、抽样方法及结果判定

①加工人员应逐个目测检查丝头的加工质量，每加工 10 个丝头应用环规检查螺纹一次，并将不合格丝头剔除。

②自检合格的丝头，应由质检员随机抽样进行检验，以一个工作班内生产的钢筋丝头为一个验收批，随机抽检 10%，按表 7-19-3 的方法进行质量检验；当合格率小于 95% 时，应加倍抽检，复检中合格率仍小于 95% 时，应对全部钢筋丝头逐个进行检验，并切去不合格丝头，重新镦粗和加工螺纹。

③丝头检验合格后，应用塑料帽保护。

5. 套筒出厂检验

（1）检验项目

检验项目、检验方法与要求见表 7-19-4 和图 7-24

套筒出厂检验项目表　　表 7-19-4

序号	检验项目	量具名称	检验要求
1	外观质量	目测	无裂纹或其他肉眼可见缺陷
2	外形尺寸	游标卡尺或专用量具	长度及外径尺寸符合设计要求
3	螺纹小径	光面塞规	通端量规应能通过螺纹的小径，而止端量规则不应通过螺纹小径
4	螺纹中径及大径	通端螺纹塞规	能顺利旋入连接套筒两端并达到旋合长度
		止端螺纹塞规	塞规不能通过套筒内螺纹，但允许从套筒两端部分旋合，旋入量不应超过 $3P$（P 为螺距）

续上表

项　目	说　　明
检验规则	（2）组批、抽样方法及结果判定 ①以500个套筒为一个验收批，每批按10%抽检。 ②当检验结果符合表7-19-4要求时，应判为合格，否则判为不合格。 ③抽检合格率应大于或等于95%，当抽检合格率小于95%时，应另取双倍数量套筒重做检验。当双倍抽检后的合格率大于95%时，应判该批套筒为合格。若合格率仍小于95%，则该批套筒应逐个检验，合格者方可使用

7-4-2　直接滚轧（压）直螺纹连接技术

直接滚轧（又称为滚压）直螺纹钢筋连接接头是将钢筋连接端头采用专用滚轧设备和工艺，通过滚丝轮直接将钢筋端头滚轧成直螺纹，并用相应的连接套筒将两根待接钢筋连接成一体的钢筋接头。

在钢筋待接端头直接滚轧加工过程中，由于滚丝轮的滚轧作用，使钢筋端部产生塑性变形，根据冷作硬化的原理，滚轧变形后的钢筋端头可比钢筋母材抗拉面积增加2.5%，抗拉强度可提高6～8%，从而可使滚轧直螺纹接头部位的强度大于钢筋母材的实测极限强度。

这种接头的优点：设备投资少、螺纹加工简单（一次装卡即可直接完成滚轧直螺纹的加工）、接头强度高、连接速度快、生产效率高、现场施工方便、适应性强等。

不足之处：螺纹加工精度差、滚丝轮磨损快寿命短、对钢筋直径公差适应能力差、钢筋直径为正公差滚轧加工时，钢筋端部易产生扭转变形。另外，钢筋母材的纵横肋经滚轧后，易出现两层皮现象，有可能影响螺纹的强度与寿命。

1. 直接滚轧（压）直螺纹连接接头的适用范围、分类

直接滚轧（压）直螺纹连接接头的适用范围、分类见表7-20。

直接滚轧（压）直螺纹连接接头的适用范围、分类　　表7-20

项　目	说　　明
适用范围	适用于钢筋混凝土结构中直径16～40mm的HRB335、HRB400级钢筋连接，其接头性能可达到现行国家行业标准《钢筋机械连接通用技术规程》（JGJ 107）
接头分类	1. 按钢筋强度级别分类，见表7-20-1

续上表

<table>
<tr><th>项 目</th><th>说 明</th></tr>
<tr><td>接头分类</td><td>

按钢筋强度级别分类表 表 7-20-1

<table>
<tr><th>序号</th><th>钢筋强度级别</th><th>代号</th></tr>
<tr><td>1</td><td>HRB 335</td><td>Φ</td></tr>
<tr><td rowspan="2">2</td><td>HRB 400</td><td>Φ</td></tr>
<tr><td>RRB 400</td><td>Φ^R</td></tr>
</table>

2. 按使用条件分类，见表 7-20-2 及图 7-21。

按使用条件分类表 表 7-20-2

<table>
<tr><th>序号</th><th>使用要求</th><th>套筒型式</th><th>代号</th></tr>
<tr><td>1</td><td>正常情况下钢筋连接</td><td>标准型</td><td>省略</td></tr>
<tr><td>2</td><td>用于两端钢筋均不能转动的场合</td><td>正反丝扣型</td><td>F</td></tr>
<tr><td>3</td><td>用于不同直径的钢筋连接</td><td>异径型</td><td>Y</td></tr>
<tr><td>4</td><td>用于较难对中的钢筋连接</td><td>扩口型</td><td>K</td></tr>
<tr><td>5</td><td>钢筋完全不能转动，通过转动连接套筒连接钢筋，用锁母锁紧套筒</td><td>加锁母型</td><td>S</td></tr>
</table>

</td></tr>
</table>

2. 直接滚轧(压)直螺纹连接接头的技术性能、使用要求

直接滚轧(压)直螺纹连接接头的技术性能、使用要求见表 7-21。

直接滚轧(压)直螺纹连接接头技术性能、使用要求 表 7-21

<table>
<tr><th>项 目</th><th>说 明</th></tr>
<tr><td>技术性能</td><td>(1)直接滚轧直螺纹钢筋接头的技术性能应满足 JGJ 107—2003 性能等级标准，并具有高延性及反复拉压性能，其接头的抗拉强度和变形性能指标见表 7-1 和表 7-2。
(2)直接滚轧直螺纹钢筋接头用于直接承受动力荷载的结构时，尚应满足设计要求的抗疲劳性能</td></tr>
<tr><td>使用要求</td><td>1. 丝头
(1)标准型接头的丝头，其长度应为 1/2 套筒长度，公差为 $1P$(P 为螺距)，以保证套筒在接头居中位置。
(2)加长型接头的丝头，其长度应大于套筒长度，以满足只需转动套筒即可进行钢筋连接的要求。
2. 套筒
(1)标准型套筒应便于正常情况下的钢筋连接。
(2)变径型套筒应满足不同直径钢筋的连接。
(3)扩口型套筒应满足较难对中工况下的钢筋连接</td></tr>
</table>

3. 直接滚轧(压)直螺纹连接接头的材料要求、机具设备

直接滚轧(压)直螺纹连接接头材料要求、机具设备见表7-22。

直接滚轧(压)直螺纹连接接头材料要求、机具设备 表7-22

<table>
<tr><th>项 目</th><th>说 明</th></tr>
<tr><td>材料要求</td><td>(1)钢筋:应符合现行国家标准GB 1499的规定。
(2)套筒与锁母:应选用优质碳素钢或低合金结构钢,供货单位应提供质量保证书。同时,应符合国家标准GB 699、GB 1591及国家行业标准JGJ 107的相应规定</td></tr>
<tr><td>机具设备</td><td>1. 直螺纹滚轧机
采用专用滚轧机床对钢筋端部进行滚压,一次装卡即可完成滚轧直螺纹的加工。直螺纹滚轧机性能见表7-22-1。

直接滚轧直螺纹机性能表 表7-22-1
<table>
<tr><th>型 号</th><th>BX—1</th><th>CJGS I</th><th>CABR GHG</th></tr>
<tr><td>钢筋直径(mm)</td><td>16~40</td><td>16~40</td><td>16~40</td></tr>
<tr><td>效率(个/班)</td><td>300</td><td>500</td><td>300~400</td></tr>
<tr><td>功率(kW)</td><td>3</td><td>4</td><td>3</td></tr>
</table>
注:1. BX—1和CJGS 1滚丝机资料由北京市北新施工技术研究所提供。
2. CABR GHG滚丝机资料由建硕钢筋连接工程有限公司提供。

2. 检验工具
(1)环规:丝头质量检验工具,分为止端螺纹环规和通端螺纹环规两种(图7-23)。
(2)塞规:套筒质量检验工具,分为止端螺纹塞规和通端螺纹塞规两种(图7-24)。
(3)卡尺等</td></tr>
</table>

4. 直接滚轧(压)直螺纹连接接头工艺要点

直接滚轧(压)直螺纹连接接头工艺要点见表7-23。

直接滚轧(压)直螺纹连接接头工艺要点 表7-23

项目	说 明
工艺流程	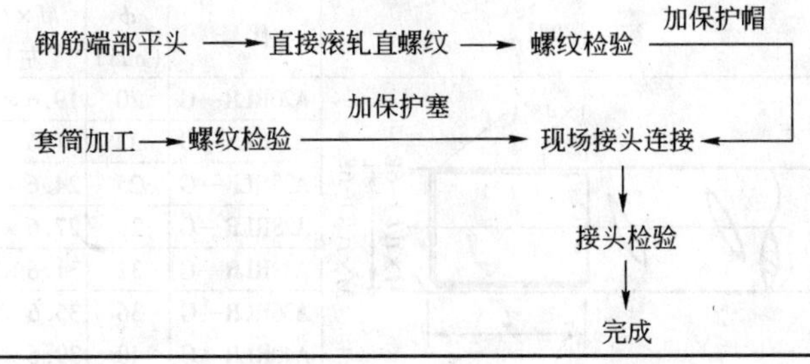

项目	说明
制造工艺要求	1. 钢筋丝头加工 (1)钢筋端部不得有弯曲，出现弯曲时应调直后再进行加工。 (2)钢筋下料时宜用砂轮锯等机具，不得用电焊、气割等切断。钢筋端面宜平整并与钢筋轴线垂直，不得有马蹄形或扭曲。 (3)钢筋规格应与滚丝器调整一致，螺纹滚轧的长度应满足设计要求。 (4)钢筋直螺纹滚轧加工时，应使用水溶性切削润滑液，不得使用油性润滑切削液，也不得在没有切削润滑液的情况下进行加工。 (5)钢筋丝头螺纹尺寸宜按 GB 196 标准确定，中径公差应满足 GB 197 标准中 6f 精度要求。 (6)钢筋丝头加工自检完毕后，应立即套上保护帽，防止损坏丝头。 2. 套筒加工 (1)套筒应按照产品设计图纸要求在工厂加工制造，其材质、螺纹规格及加工精度应满足设计要求并按规定进行生产检验。 (2)套筒的内螺纹尺寸宜按 GB 196 标准确定，中径公差应满足 GB 197 标准中 6*H* 精度要求。 (3)套筒加工完成后，应立即用防护盖将两端封严，防止套筒内进入杂物，其表面必须标注规格。生产车间和日期代号、批号。 (4)套筒严禁有裂纹，并应作防锈处理，装箱前应盖好防护塞。 (5)套筒出厂时应有产品合格证。 3. 钢筋丝头加工参考资料 (1)钢筋同径连接丝头加工参考资料见表 7-23-1。

同径丝头加工参考资料表 表 7-23-1

简图		A20 R—J	A22 R—J	A25 R—J	A28 R—J	A32 R—J	A36 R—J	A40 R—J
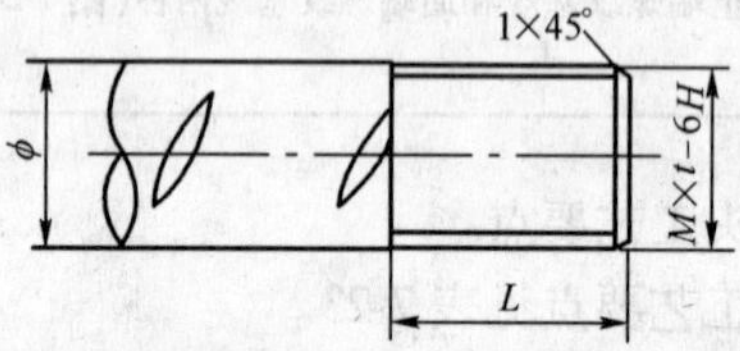	ϕ	20	22	25	28	32	36	40
	$M\times t$	19.6×3	21.6×3	24.6×3	27.6×3	31.6×3	35.6×3	39.6×3
	L	30	32	35	38	42	46	50

注：摘自北京市北新施工技术研究所产品图册。

(2)钢筋同径正反扣直螺纹丝头加工参考资料见表 7-23-2

正反扣丝头加工参考资料表 表 7-23-2

简图	代号	ϕ (mm)	$M\times t$ (左)	$M\times t$ (右)	L (mm)
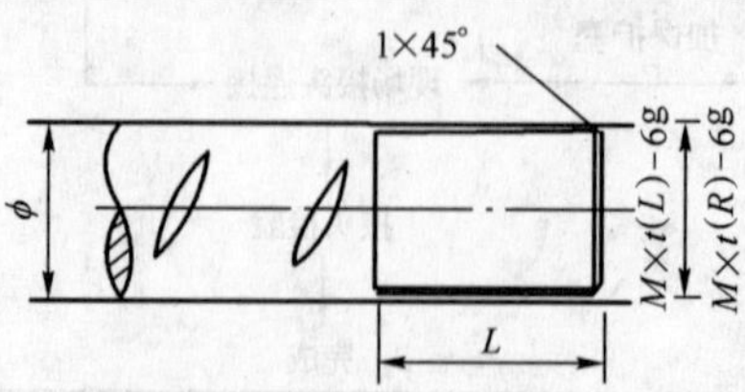	A20RLR—G	20	19.6×3	19.6×3	34
	A22RLR—G	22	21.6×3	21.6×3	36
	A25RLR—G	25	24.6×3	24.6×3	39
	A28RLR—G	28	27.6×3	27.6×3	42
	A32RLR—G	32	31.6×3	31.6×3	46
	A36RLR—G	36	35.6×3	35.6×3	50
	A40RLR—G	40	39.6×3	39.6×3	54

注：同表 7-23-1

续上表

项目	说　明
制造工艺要求	(3)直接滚轧直螺纹加工参考数据见表 7-23-3。

直接滚轧直螺纹加工参考数据表　　表 7-23-3

简　图		$\phi20$	$\phi22$	$\phi25$	$\phi28$	$\phi32$	$\phi36$	$\phi40$
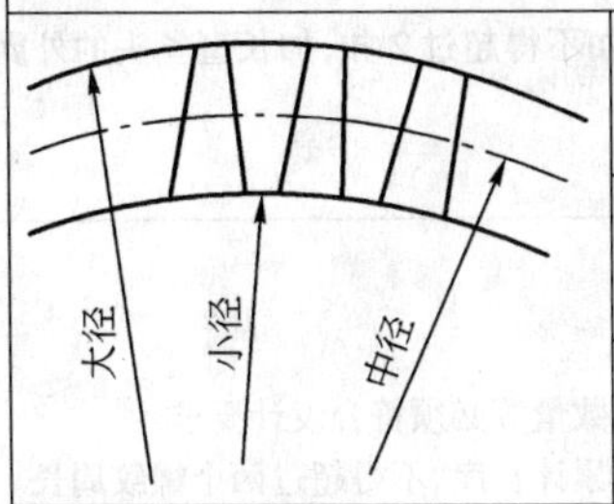	大径	19.6	21.6	24.6	27.6	31.6	35.6	39.6
	中径	18.623	20.623	23.623	26.623	30.623	34.623	38.623
	小径	17.2	19.2	22.2	25.2	29.2	33.2	37.2

注:同表 7-23-1。

4. 套筒加工参考资料。

(1)同径直螺纹套筒加工参考数据见表 7-23-4。

同径直螺纹套筒加工参考数据表　　表 7-23-4

简　图		A20 R—G	A22 R—G	A25 R—G	A28 R—G	A32 R—G	A36 R—G	A40 R—G
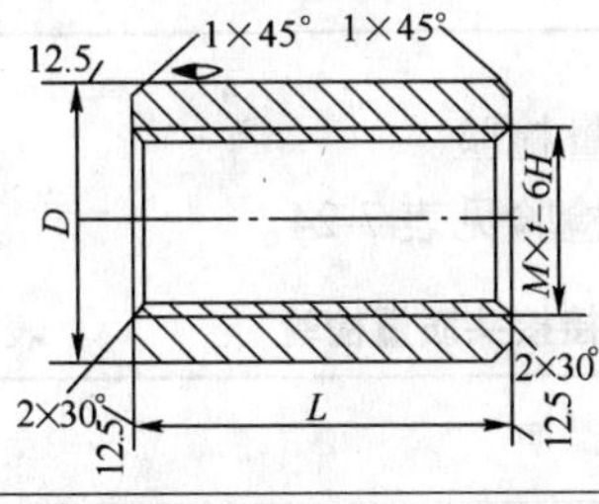	D	30 ± 0.5	32 ± 0.5	38 ± 0.5	42 ± 0.5	48 ± 0.5	54 ± 0.5	59 ± 0.5
	$M \times t$	19.6 ×3	21.6 ×3	24.6 ×3	27.6 ×3	31.6 ×3	35.6 ×3	39.6 ×3
	L	44	48	54	60	68	76	84

注:同表 7-23-1。

(2)同径正反扣直螺纹套筒加工参考数据见表 7-23-5。

同径正反扣直螺纹套筒加工参考数据表　　表 7-23-5

简　图	代号	D (mm)	d (mm)	$M \times t$ (左、右)	L_1 (mm)	L_2 (mm)	L_3 (mm)
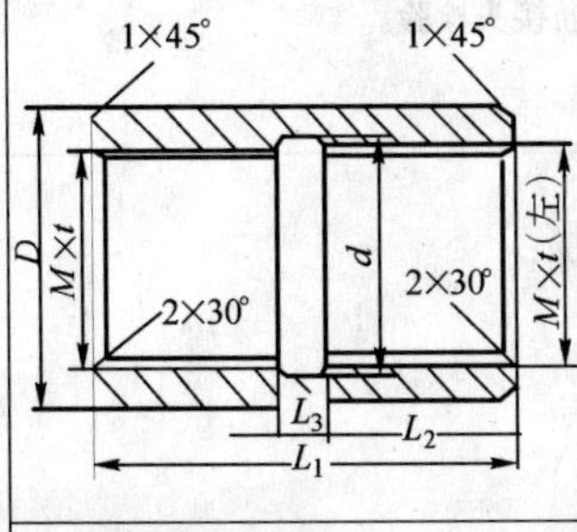	A20RLR—G	32	21	19.6×3	49	20	9
	A22RLR—G	35	23	21.6×3	53	22	9
	A25RLR—G	41	26	24.6×3	59	25	9
	A28RLR—G	45	29	27.6×3	65	28	9
	A32RLR—G	51	33	31.6×3	73	32	9
	A36RLR—G	57	37	35.6×3	81	36	9
	A40RLR—G	62	41	39.6×3	89	40	9

注:同表 7-23-1

续上表

项目	说　明
制造工艺要求	5. 钢筋连接 (1)进行钢筋连接时,钢筋丝头规格应与套筒规格一致,且丝扣完好无损、无污物。 (2)钢筋连接时,必须采用长度不小于400mm的管钳扳手拧紧,使两钢筋丝头在套筒中央位置相互顶紧或锁母锁紧,并用油漆加以标记。 (3)标准型接头连接后,套筒两端外露完整丝扣不得超过2扣,加长型丝头的外露丝扣不受限制
外观质量要求	1. 钢筋丝头 (1)钢筋丝头的长度、中径、牙型角和有效丝扣数量等必须符合设计要求。 (2)丝头的大径低于螺纹中径的不完整丝扣的累计长度,不得超过两个螺纹周长。 (3)丝头有效螺纹中径的圆柱度不得超过0.2mm。 (4)钢筋丝头表面不得有严重的锈蚀及破损。 2. 连接套筒 (1)套筒的长度、直径和内螺纹等必须符合设计要求。 (2)套筒的外观不得有裂纹,内螺纹及外表面不得有严重的锈蚀及破损

5. 直接滚轧(压)直螺纹连接接头质量检验

直接滚轧(压)直螺纹连接接头质量检验见表7-24。

直接滚轧(压)直螺纹连接接头质量检验　　表7-24

项　目	说　明
试验方法	在对钢筋接头进行检验前,应对钢筋母材进行力学性能检验,试验方法按GB 228标准中有关条款执行
检验类别	钢筋接头的性能检验分为两类:型式检验和施工现场检验。 施工现场检验分为两种:钢筋丝头检验和钢筋接头检验。 套筒检验为出厂检验
型式检验	(1)在下列情况下应连行钢筋接头的型式检验: ①接头进行产品或生产鉴定。 ②材料、工艺、规格进行改动。 ③停产一年以上。 ④质量监督部门提出专门要求

续上表

项　目	说　　明
型式检验	(2)对每种型式、级别、规格、材料、工艺的接头,型式检验试件不应少于12个;其中单向拉伸试件不应少于6个,高应力反复拉压试件不得少于3个,大变形反复拉压试件不得少于3个。同时,尚应取3根同批、同规格钢筋母材试件做力学性能试验。 (3)型式检验的加载方法按JGJ 107规程的要求进行(见表7-19-1及图7-28)。接头的性能必须全部符合规程中接头性能要求。 (4)型式检验应由国家、省部级主管部门认可的质量检验部门进行,并出具试验报告和评定结论
套筒的出厂检验	1. 检验项目 (1)外观质量检验:套筒的外径、长度及相关尺寸应符合设计要求,套筒表面应无裂纹和其他肉眼可见的缺陷。 (2)螺纹检验:用专用的螺纹塞规进行检验,通规应能顺利旋入;止规允许旋入长度不得超过3P(图7-23)。 2. 检验方法及结果评定 (1)对套筒的外观质量检验应逐个进行。 (2)螺纹尺寸的检验按连续生产的同规格套筒每1 000个为一个检验批,每批按10%随机抽检,不足1 000个时也按10%随机抽检,且不得少于20个。 (3)检验方法采用螺纹塞规的通规和止规(图7-23),满足要求者为合格品,否则为不合格品。 (4)抽检合格率应不小于97%。当抽检合格率小于97%时,应加倍抽检,复检的合格率不小于97%时,应判该验收批合格。若合格率仍小于97%时,则应对该检验批套筒进行逐个检验,合格者方可使用
丝头施工现场检验	1. 检验项目 (1)外观检验:不完整齿(螺纹齿顶宽度超过0.3P)的累计长度不超过2个螺纹周长; (2)螺纹检验:用专用的螺纹环规进行检验,通规应能顺利旋入,并能达到钢筋丝头的有效长度;止规旋入长度不得超过3P(图7-23)。 2. 检验结果评定 (1)丝头应逐个进行自检,出现不合格丝头时,应切去重新加工。 (2)自检合格的丝头,应由质检员随机抽样进行检验。以一个工作班加工的丝头为一个验收批,随机抽检10%,且不得少于20个。当合格率小于95%时,应加倍抽检。复检中合格率仍小于95%时,应对全部丝头逐个进行检验,合格者方可使用。丝头检验记录的填写内容见表7-24-1

续上表

项 目	说 明
丝头施工现场检验	现场钢筋丝头加工质量检验记录表　　表 7-24-1

现场钢筋丝头加工质量检验记录表　　　　表 7-24-1

工程名称		钢筋规格		抽检数量	
工程部位		生产班次		代表数量	
提供单位		生产日期		接头类型	

检验结果							
序号	钢筋直径	丝头螺纹检验		丝头外观检验			备注
		环通规	环止规	有效螺纹长度	不完整螺纹	外观检查	

质检负责人：　　　　检验员：　　　　检验日期：

注：1. 螺纹尺寸检验应按《滚轧直螺纹钢筋连接接头》JG 163—2004 中的规定，选用专用的螺纹环规检验。

2. 相关尺寸检验合格后，在相应的格里打"√"，不合格时打"×"，并在备注栏加以标注

续上表

<table>
<tr><th>项目</th><th>说明</th></tr>
<tr><td>钢筋接头现场检验</td><td>(1)施工现场检验前,技术和设备提供单位应向使用单位提交有效的型式检验报告。
(2)钢筋接头的现场检验按验收批进行。同一施工条件下采用同一批材料的同等级同型式同规格接头,应以500个为一个验收批进行检验,不足500个的也应作为一个验收批。现场钢筋接头连接质量记录填写内容见表7-24-2。
(3)对每一个验收批接头,必须于正在施工的工程结构中,随机截取3个试件进行试验,并按JGJ 107规程中,单向拉伸强度的检验指标判定(见表7-1和表7-2)。
当每个试件的单向拉伸试验均符合强度要求时,该验收批为合格。如有一个试件的强度不合格时,应再取6个试件进行复检,复检中有一个试件试验结果不合格,则该验收批评为不合格。
(4)在现场连续检验10个验收批,当其全部单向拉伸试件均一次抽样合格时,该验收批的接头数量可扩大为1000个。
钢筋接头单向拉伸试验记录填写内容见表7-24-3</td></tr>
</table>

现场钢筋接头连接质量检验记录表 表7-24-2

工程名称		钢筋规格		抽检数量	
工程部位		生产班次		代表数量	
提供单位		生产日期		接头类型	

检验结果

序号	钢筋直径	拧紧力矩值检验	外露有效螺纹检验		备注
			左	右	

质检负责人: 检验员: 检验日期:

注:1. 拧紧力矩值检验应按《滚轧直螺纹钢筋连接接头》JG 163—2004中的规定进行检验。
2. 外露有效螺纹检验按《滚轧直螺纹钢筋连接接头》JG 163—2004中的规定检验。
3. 相关检验合格后,在相应的格里打"√",不合格时打"×",并在备注栏加以标注

续上表

<table>
<tr><th>项目</th><th colspan="7">说明</th></tr>
<tr><td rowspan="15">钢筋接头现场检验</td><td colspan="7">钢筋接头单向拉伸试验记录表　　表 7-24-3</td></tr>
<tr><td>工程名称</td><td></td><td colspan="2">生产日期</td><td></td><td>抽检数量</td><td></td></tr>
<tr><td>工程部位</td><td></td><td colspan="2">生产班次</td><td></td><td>代表数量</td><td></td></tr>
<tr><td>提供单位</td><td></td><td colspan="2">钢筋规格</td><td></td><td>接头类型</td><td></td></tr>
<tr><td>序号</td><td>钢筋直径（mm）</td><td>公称面积（mm^2）</td><td>屈服强度（MPa）</td><td>抗拉强度（MPa）</td><td>破坏状况</td><td>备注</td></tr>
<tr><td></td><td></td><td></td><td></td><td></td><td></td><td></td></tr>
<tr><td></td><td></td><td></td><td></td><td></td><td></td><td></td></tr>
<tr><td></td><td></td><td></td><td></td><td></td><td></td><td></td></tr>
<tr><td></td><td></td><td></td><td></td><td></td><td></td><td></td></tr>
<tr><td></td><td></td><td></td><td></td><td></td><td></td><td></td></tr>
<tr><td></td><td></td><td></td><td></td><td></td><td></td><td></td></tr>
<tr><td></td><td></td><td></td><td></td><td></td><td></td><td></td></tr>
<tr><td></td><td></td><td></td><td></td><td></td><td></td><td></td></tr>
<tr><td></td><td></td><td></td><td></td><td></td><td></td><td></td></tr>
<tr><td colspan="7">质量负责人:________检验员:________检验日期:　　　年　月　日</td></tr>
</table>

7-4-3　挤压肋滚轧(压)直螺纹连接技术

挤压肋滚轧(压)直螺纹连接技术,是先利用专用挤压设备,将钢筋端头待连接部位的纵肋和横肋挤压成圆柱状,然后,再利用滚丝机将圆柱状的钢筋端头滚轧成直螺纹。在钢筋端部挤压肋和滚丝加工过程中,由于局部塑性变形冷作硬化的原理,使钢筋端部强度得到提高。因此,可使钢筋接头的强度等于或大于钢筋母材的强度。其接头性能可达到《钢筋机械连接通用技术规程》(JGJ 107—2003)规定的标准,且具有优良的抗疲劳性能及抗低温性能。

这种连接技术的优点是:除具有直接滚轧直螺纹连接技术的各项优点外,其螺纹精度比直接滚轧也有提高,滚丝轮的寿命也可延长。不足之处是:加工螺纹时,需要两种设备和两道工序才能完成。另外,钢筋端部的纵、横肋被挤压成圆柱形的过程中,有可能形成两层皮现象。

1. 挤压肋滚轧(压)直螺纹连接技术的接头分类、适用范围、技术性能、

使用要求

挤压肋滚轧(压)直螺纹连接技术的接头分类、适用范围、技术性能、使用要求见表7-25。

挤压肋滚轧(压)直螺纹连接技术的接头分类、适用范围、技术性能、使用要求

表7-25

项目	说明
接头分类	(1)按钢筋强度级别分类,见表7-20-1。 (2)按使用条件分类,见表7-20-2及图7-21
适用范围	适用于钢筋混凝土结构中直径16~40mm的HRB335、HRB400级钢筋的连接,其接头类型见表7-20-2和图7-21
技术性能	(1)挤压肋滚轧直螺纹钢筋接头的技术性能应满足JGJ 107—2003性能等级中的标准,即:接头抗拉强度达到或超过钢筋母材抗拉强度标准值,其性能检验指标见表7-11。 (2)挤压肋滚轧直螺纹钢筋接头用于直接承受动力荷载结构时,尚应满足设计要求的抗疲劳性能
使用要求	1.丝头 (1)标准型接头的丝头,其长度应为1/2套筒长度,公差为1P(P为螺距),以保证套筒在接头居中位置。 (2)左、右旋接头的丝头,应便于双向螺纹套筒的安装。 2.套筒 (1)标准型套筒应便于正常情况下的钢筋连接。 (2)变径型套筒应满足不同直径钢筋的连接

2.挤压肋滚轧(压)直螺纹连接技术的材料要求、机具设备

挤压肋滚轧(压)直螺纹连接技术的材料要求、机具设备见表7-26。

挤压肋滚轧(压)直螺纹连接技术的材料要求、机具设备 表7-26

项目	说明
材料要求	(1)钢筋:应符合现行国家标准GB 1499,并经抽检合格,具有产品合格证。 (2)套筒:采用45号钢,应符合现行国家标准GB 699,并应有供货单位的质量检验合格证书
机具设备	1.挤压圆机 由液压泵、供油软管、回油软管、导线钳、压模等组成。 2.滚丝机 由回转驱动器、滚丝轮、尾座及夹紧卡盘、送料机构和底座导轨等组成,其型号有:GST—1型(功率1.5kW)和GST—2型(功率3kW)等型号。 3.其他机具设备 砂轮切割机、直螺纹环规和塞规、外径卡规及管钳扳手等

3. 挤压肋滚轧(压)直螺纹连接接头的工艺要点、质量检验

挤压肋滚轧(压)直螺纹连接接头的工艺要点、质量检验见表7-27。

挤压肋滚轧(压)直螺纹连接接头的工艺要点、质量检验 表7-27

<table>
<tr><th>项 目</th><th>说 明</th></tr>
<tr><td>工艺流程</td><td>钢筋断料切头 → 端头压圆 → 外径卡规检查直径 → 端头压圆部分
滚丝 → 螺纹环规检验 → 合格后套防护帽
套筒加工 → 螺纹塞规检验 → 合格后加防护塞 → 现场接头连接
↓
接头检查验收
↓
完成</td></tr>
<tr><td>工艺要点</td><td>1. 钢筋端部平头压圆
检查钢筋是否符合要求后,将钢筋用砂轮切割机切头约5mm左右,达到端部平整。再按钢筋直径选择相适配规格的压模,调整压合高度和定位尺寸,然后,将钢筋端头放入挤压圆机的压模腔中,调整油泵压力进行压圆操作。经压圆操作后,钢筋端头成为圆柱体。
2. 滚轧直螺纹
将已压成圆柱形的钢筋端头插入滚丝机卡盘孔,夹紧钢筋。开机后,卡盘的引导部分可使钢筋沿轴向自动进给,在滚丝轮的作用下,即可完成直螺纹的滚轧加工。挤压肋滚压钢筋直螺纹见图7-30。钢筋端头直螺纹参考资料见表7-27-1。
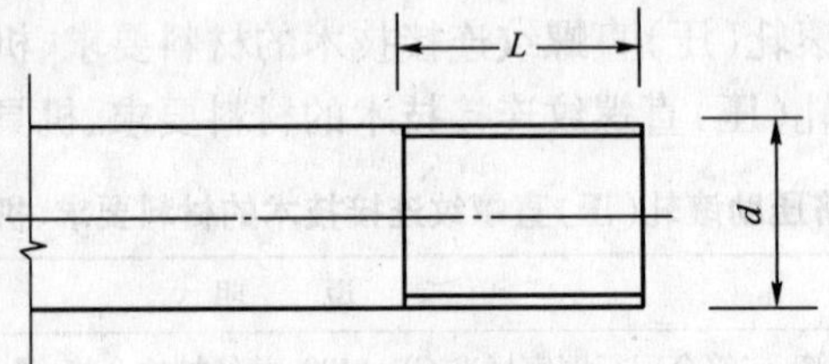
图7-30 钢筋端头直螺纹示意图

钢筋挤压肋滚轧直螺纹参考资料表 表7-27-1
<table>
<tr><td>钢筋直径(mm)</td><td>18</td><td>20</td><td>22</td><td>25</td><td>28</td><td>32</td><td>36</td><td>40</td></tr>
<tr><td>d</td><td>18.2</td><td>20.2</td><td>22.2</td><td>25.2</td><td>28.2</td><td>32.2</td><td>36.2</td><td>40.2</td></tr>
<tr><td>L</td><td>29</td><td>31</td><td>33</td><td>35</td><td>37</td><td>41</td><td>45</td><td>49</td></tr>
</table>
注:摘自中建七局三公司、闽侯县建机厂YJGF25—98工法。</td></tr>
</table>

续上表

项目	说明

工艺要点

3. 套筒

套筒采用45号钢，并符合GB 699—88的规定。套筒加工的主要参数如：热处理状态、螺距、牙型高度、牙型角和公称直径等均应符合设计要求和有关规定，且必须有出厂合格证。标准套筒外形见图7-31a)，参考尺寸见表7-27-2；异径套筒外形见图7-31b)，参考尺寸见表7-27-3

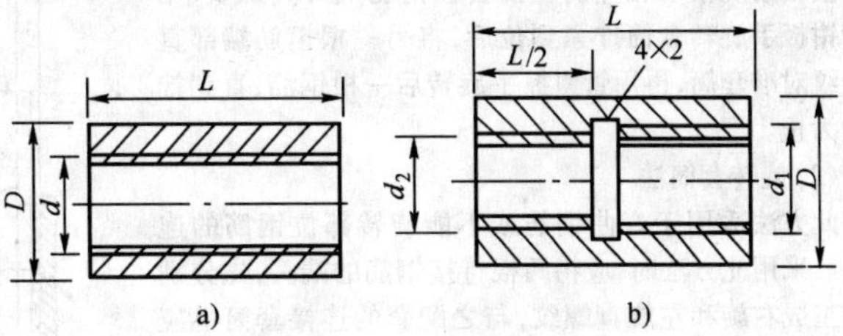

图7-31　套筒外形示意图

a)标准套筒；b)异径套筒

标准套筒参考尺寸表　　表7-27-2

钢筋直径	d	D≥	L≥
18	18.2	28	50
20	20.2	32	54
22	22.2	36	58
25	25.2	40	62
28	28.2	44	66
32	32.2	50	74
36	36.2	56	82
40	40.2	62	90

注：摘自中建七局三公司、闽侯县建机厂YJGF 25—98工法。

异径套筒参考尺寸表　　表7-27-3

钢筋直径	d_1	d_2≥	D≥	L≥
20/18	20.2	18.2	32	54
22/20	22.2	20.2	36	58
25/22	25.2	22.2	40	62
28/25	28.2	25.2	44	66
32/28	32.2	28.2	50	74
36/32	36.2	32.2	56	82
40/36	40.2	36.2	62	90

注：同表6-5-29。

续上表

项　目	说　明
工艺要点	4. 现场安装方法 (1)旋转钢筋法 按钢筋规格取相应的套筒套住钢筋端部直螺纹，用管钳扳手旋转套筒拧紧到位后，将另一根钢筋端部直螺纹对准套筒，再用管钳扳手旋转后一根钢筋，直到拧紧为止。 (2)旋转套筒法 此方法适用于弯曲钢筋或不能旋转部位钢筋的连接。采用此方法时，应将两根待接钢筋的端头，先分别加工成右旋和左旋直螺纹，与之配套的连接套筒也应加工成一半右旋和一半左旋的内直螺纹。安装时，先将套筒右旋内螺纹一端对准钢筋右旋外螺纹一端，并旋进1~2牙，然后，再将另一根钢筋左旋外螺纹一端对准套筒左旋内螺纹一端，再用管钳扳手转动套筒，两端钢筋就会拧紧(图7-32) 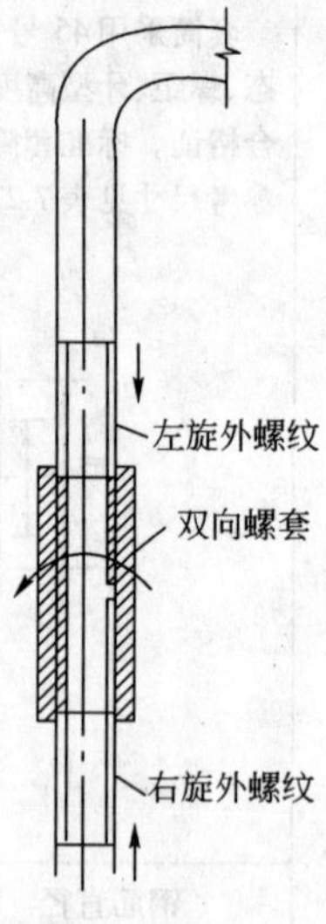 图7-32　旋转套筒法示意图
质量检验	1. 质量要求 (1)套筒应有出厂合格证，且不得有裂纹、锈蚀和内螺纹缺牙等缺陷。 (2)由于钢筋原材料的直径允许有一定的正负公差，因此，钢筋端头压圆后的直径可按负公差进行控制。 (3)钢筋端头直螺纹的基本尺寸应符合设计要求和有关规定。 (4)钢筋端头直螺纹的完好率应≥95%。如未达到此标准，应及时更换滚丝轮。 (5)按钢筋的直径选配不同规格的防护帽，其长度应比直螺纹长10~20mm，一端应封闭。螺纹加工完应立即套好防护帽。 (6)安装时，钢筋端头直螺纹旋入套筒后，允许外露1~1.5mm。 2. 接头的型式检验 同直接滚轧(压)连接接头 3. 接头的现场检验 同直接滚轧(压)连接接头

7-4-4　剥肋滚轧(压)直螺纹连接技术

剥肋滚轧(压)直螺纹连接技术，是利用专用剥肋滚轧直螺纹加工设备，先将钢筋端头待接部位的纵、横肋剥成同一直径的圆柱体，再利用同一台设备继续滚压成直螺纹。其加工过程为：将钢筋端部夹紧在专用设备的夹钳上,扳动进给装置,对钢筋端部先进行剥肋,然后,继续滚轧成直螺纹,滚轧到位后,自动停机回车,一次装卡即可完成剥肋和滚轧直螺纹两道工序的加工。

滚轧直螺纹加工过程中,在滚丝轮的作用下,使钢筋端部产生塑性变形,不仅直螺纹的外径比钢筋母材略有增大;而且根据冷作硬化原理,塑性变形后的钢筋端头,其强度比母材也有提高。因此,可使接头性能达到《钢筋机械连接通用技术规程》(JGJ 107—2003)的标准。

该项技术与其他滚轧直螺纹连接技术相比具有以下特点:

(1)螺纹牙型好、精度高、牙齿表面光滑。

(2)螺纹直径大小一致,连接质量稳定。

(3)滚丝轮寿命长,接头附加成本低。一组滚丝轮可加工5000~8000个丝头,比直接滚轧工艺寿命提高8~10倍。

(4)设备投资少,操作简单。

(5)接头通过200万次疲劳试验无破坏,具有优良的抗疲劳性能;

(6)抗低温性能好,在-40℃低温下试验,接头仍能达到与母材等强度连接。

1.剥肋滚轧(压)直螺纹连接接头的接头分类、适用范围、技术性能、使用要求

剥肋滚轧(压)直螺纹连接接头的接头分类、适用范围、技术性能、使用要求见表7-28。

剥肋滚轧(压)直螺纹连接接头的接头分类、适用范围、技术性能、使用要求

表7-28

项　目	说　明
接头分类	(1)按接头钢筋级别分类,见表7-16-1。 (2)连接套筒分为:标准型套筒、正反丝扣型套筒、变径型套筒和可调型套筒等类型(图7-22)。 (3)按接头使用要求、型式及连接方法分为:标准型接头、正反丝扣型接头、变径型接头和可调型接头等类型(图7-21)。
适用范围	按照行业标准《钢筋机械连接通用技术规程》(JGJ 107)的要求,对HRB335和HRB400钢筋进行型式检验及抗疲劳试验,接头性能完全达到A级性能要求,且具有较好的抗疲劳性能。因此,该连接技术适用于直径16~50mm的HRB335、HRB400级钢筋在任意方向的同、异径的连接。不仅可应用于要求充分发挥钢筋强度或对接头延性要求高的混凝土结构;而且,还可应用于对疲劳性能要求高的混凝土结构,如机场、桥梁、隧道、电视塔、核电站和水电站等

续上表

项 目	说 明
技术性能	剥肋滚压直螺纹接头是一种能充分发挥钢筋母材性能的等强度接头。将待接钢筋端部经剥肋滚轧成直螺纹后，其螺纹部位的表面因受滚压而使强度得到增强，因而可使接头强度高于钢筋的母材强度，其接头性能指标应达到《钢筋机械连接通用技术规程》(JGJ 107)的标准。该接头通过200万次疲劳试验，抗疲劳性能较好
使用要求	(1)剥肋滚轧直螺纹接头，适用于要求充分发挥钢筋强度或对接头延性要求较高的各类混凝土结构。 (2)滚压直螺纹接头的混凝土保护层厚度，宜满足现行国家标准《混凝土结构设计规范》(GBJ 10)中钢筋保护层最小厚度的要求，且不得小于15mm。 (3)受力钢筋滚轧直螺纹接头的位置应相互错开。在任一接头中心至长度为钢筋直径的35倍区段范围内，有接头的受力钢筋截面面积占钢筋总截面面积的百分率，应符合下列规定： ①受拉区的受力钢筋接头百分率不宜超过50%。 ②在受拉区的钢筋受力小的部位，接头百分率可不受限制。 ③接头宜避开有抗震设防要求的框架梁端和柱端的箍筋加密区；当无法避开时，接头的百分率不应超过50%。 ④受压区和装配式构件中钢筋受力较小部位，接头百分率可不受限制。 (4)当对具有钢筋接头的构件进行试验并取得可靠资料时，接头的应用范围可根据工程实际情况进行适当调整。 (5)滚轧直螺纹接头可用于不同直径钢筋的连接

2. 剥肋滚轧(压)直螺纹连接接头的材料要求、机具设备

剥肋滚轧(压)直螺纹连接接头的材料要求、机具设备见表7-29。

剥肋滚轧(压)直螺纹连接接头的材料要求、机具设备 表7-29

项 目	说 明
材料要求	(1)用于剥肋滚轧直螺纹钢筋接头的钢筋，应符合GB 1499及JGJ 107等国家现行标准的有关规定。 (2)钢筋接头所用的连接套筒，应采用优质碳素结构钢或其他经型式检验确定符合要求的钢材。 设计连接套筒时，套筒的承载力应符合下列要求： $f_{slyk}A_{sl} \geqq 1.10 f_{yk}A_s$ (7-3) $f_{ltk}A_{sl} \geqslant 1.10 f_{tk}A_s$ (7-4) 式中：f_{slyk}——套筒屈服强度标准值； f_{sltk}——套筒抗拉强度标准值； f_{yk}——钢筋屈服强度标准值； f_{tk}——钢筋抗拉强度标准值； A_{sl}——套筒的横截面积； A_s——钢筋的横截面积。

续上表

项　目	说　　明
机具设备	1.剥肋滚轧直螺纹机 钢筋剥肋滚轧直螺纹机主要由台钳、剥肋机构、滚丝头、减速机、冷却系统、电器系统、机座和限位挡铁等组成。该设备集钢筋剥肋和滚轧直螺纹于一体，钢筋一次装卡，可连续完成剥肋和滚轧直螺纹两道工序。钢筋剥肋滚轧直螺纹机的技术参数见表7-29-1。 **钢筋剥肋滚轧直螺纹机技术参数表**　　表7-29-1 设备型号：CHG 50型 / CHG 40型 滚丝头型号：50型 / 40型 可加工钢筋范围(mm)：直径25～50 / 直径16～40 整机质量(kg)：600 / 550 设备功率(kW)：4 / 3 注:摘自中国建筑科学研究院建筑机械化研究分院工法。 最近，中国建筑科学研究院建筑结构研究所和建硕钢筋连接工程有限公司研制开发了QGL—40型钢筋剥肋滚轧直螺纹机床，该机床主要由床身、钢筋夹持钳、工作头、动力传动机构、电气控制系统等部件组成。工作头中有一个可更换的滚轮盒，是该机床滚轧螺纹的专门部件，只要事先换好相应规格的滚轮盒，即可滚轧出所要求的螺纹，操作者不需现场调节。每台机床配备滚轧螺距3mm和2.5mm的两个滚轮盒，每个滚轮盒各配备3副不同直径的滚轮。更换滚轮盒和盒中的滚轮，即可滚轧出连接直径18～32mm钢筋的M18.5×2.5～M3.25×3等六种直螺纹。制作连接直接36、40mm钢筋的直螺纹时，需另配加大机头。 QGL—40型钢筋剥肋滚轧直螺纹机床主要技术参数: (1)加工钢筋直径:18～40mm。 (2)加工的直螺纹:M18.5×2.5～M40.5×3.5。 (3)加工的最大螺纹长度:90mm。 (4)主电机功率:4kW。 (5)机床自重:500kg。 2.辅肋工具 砂轮切割机(用于钢筋端面平头)。 3.检验工具 (1)螺纹环规(用于检验钢筋丝头)，包括通端螺纹环规和止端螺纹环规(图7-23)。 (2)力矩扳手(性能为100～350N·m)。 (3)卡尺。 (4)螺纹塞规(用于检验套筒)，包括通端螺纹塞规和止端螺纹塞规(图7-24)

3. 剥肋滚轧(压)直螺纹连接接头的工艺要点、质量检验

剥肋滚轧(压)直螺纹连接接头的工艺要点、质量检验见表7-30。

剥肋滚轧(压)直螺纹连接接头的工艺要点、质量检验 表7-30

项目	说明
工艺要点	1. 工艺流程 (1)钢筋丝头加工(在现场) 钢筋端面平头→剥肋滚轧螺纹→丝头质量检验→防护帽保护→丝头质量抽检→存放待用 (2)连接套筒加工(在工厂) 套筒加工→螺纹质量检验→加防护塞→装箱待用 (3)钢筋连接(在现场) 钢筋和套筒就位→去掉丝头和套筒的防护帽(塞)→将套筒与丝头配套连接→用力矩扳手拧紧接头→作标记→施工现场检验→完成。 2. 制造工艺要求 (1)钢筋丝头 ①钢筋端面平头:宜采用砂轮切割机或其他专用设备切割钢筋端头,严禁气割。要求钢筋端头切割面与母材轴线垂直。 ②剥肋滚压直螺纹:利用剥肋滚压直螺纹机,将端面平头后的待接钢筋端头剥肋滚压成直螺纹。 ③丝头质量自检:在加工丝头的过程中,操作者对加工的每一个丝头都必须先进行质量自检,质量合格者方可作为成品,否则需切掉重新加工。 ④防护帽保护:对加工合格的丝头成品,应采用专用防护帽套好丝头进行保护,以防丝头被磕碰或被污染。 ⑤丝头质量抽验:对自检合格的丝头成品,按规定应再进行抽样检验。抽验合格的丝头成品,方可出厂和在工程中应用。 ⑥存放待用:检验合格的丝头成品,应按规格型号进行分类存放备用。 钢筋丝头剥肋滚轧加工参考尺寸见表7-30-1、表7-30-2。

钢筋丝头剥肋滚轧加工参考尺寸表 表7-30-1

钢筋规格(mm)	剥肋直径(mm)	螺纹规格(mm)	丝头长度(mm)	完整丝扣数
16	15.1±0.2	M16.5×2	20~22.5	≥8
18	16.9±0.2	M19×2.5	25~27.5	≥7
20	18.8±0.2	M21×2.5	27~30	≥8
22	20.8±0.2	M23×2.5	29.5~32.5	≥9
25	23.7±0.2	M26×3	32~35	≥9
28	26.6±0.2	M29×3	37~40	≥10
32	30.5±0.2	M33×3	42~45	≥11
36	34.5±0.2	M37×3.5	46~49	≥9
40	38.1±0.2	M41×3.5	49~52.5	≥10

注:摘自中国建筑科学研究院企业标准Q/JY16—1999。

续上表

项目	说明
工艺要点	钢筋丝头剥肋滚轧加工参考尺寸表 表 7-30-2

钢筋丝头剥肋滚轧加工参考尺寸表 表 7-30-2

钢筋直径(mm)	剥肋直径(mm)	螺纹规格(mm)	剥肋长度(mm)
16	15.0	M16.5×2	18
18	16.9	M18.5×2.5	21
20	18.8	M20.5×2.5	22
22	20.8	M22.5×2.5	24
25	23.5	M25.5×3	28
28	26.6	M28.5×3	31
32	30.4	M32.5×3	35
36	34.4	M36.5×3.5	40
40	38.0	M40.5×3.5	43

注:摘自中国建筑科学研究院结构研究所和建硕钢筋连接工程有限公司企业标准 Q/JS 02—2001。

(2)连接套筒

①套筒的几何参考尺寸应符合表 7-30-3、表 7-30-4、表 7-30-5 的规定。(摘自中国建筑科学研究院企业标准 Q/JY 16—1999)

标准型套筒几何参考尺寸表 表 7-30-3

钢筋直径(mm)	螺纹规格(mm)	套筒外径(mm)	套筒长度(mm)
16	M16.5×2	25	43
18	M19×2.5	29	55
20	M21×2.5	31	60
22	M23×2.5	33	65
25	M26×3	39	70
28	M29×3	44	80
32	M33×3	49	90
36	M37×3.5	54	98
40	M41×3.5	59	105

续上表

项　目	说　明
工艺要点	见下表 7-30-4、表 7-30-5

变径型套筒几何参考尺寸表　　表 7-30-4

套筒规格(mm)	外径(mm)	小端螺纹	大端螺纹	套筒总长(mm)
16 ~ 18	29	M16.5 × 2	M19 × 2.5	50
16 ~ 20	31	M16.5 × 2	M21 × 2.5	53
18 ~ 20	31	M19 × 2.5	M21 × 2.5	58
18 ~ 22	33	M19 × 2.5	M23 × 2.5	60
20 ~ 22	33	M21 × 2.5	M23 × 2.5	63
20 ~ 25	39	M21 × 2.5	M26 × 3	65
22 ~ 25	39	M23 × 2.5	M26 × 3	68
22 ~ 28	44	M23 × 2.5	M29 × 3	73
25 ~ 28	44	M26 × 3	M29 × 3	75
25 ~ 32	49	M26 × 3	M33 × 3	80
28 ~ 32	49	M29 × 3	M33 × 3	85
28 ~ 36	54	M29 × 3	M37 × 3.5	89
32 ~ 36	54	M33 × 3	M37 × 3.5	94
32 ~ 40	59	M33 × 3	M41 × 3.5	98
36 ~ 40	59	M37 × 3.5	M41 × 3.5	102

可调型套筒几何参考尺寸表　　表 7-30-5

规格(mm)	螺纹直径	套筒总长(mm)	旋出后长度(mm)	增加长度(mm)
16	M16.5 × 2	118	141	96
18	M19 × 2.5	141	169	114
20	M21 × 2.5	153	183	123
22	M23 × 2.5	166	199	134
25	M26 × 3	179	214	144
28	M29 × 3	199	239	159
32	M33 × 3	222	267	117
36	M37 × 3.5	244	293	195
40	M41 × 3.5	261	314	209

注：表中“增加长度”为可调型套筒比普通套筒加长的长度，施工配筋时应将钢筋的长度按此数进行缩短。

续上表

项目	说明

工艺要点

②套筒尺寸的偏差应符合表 7-30-6 的规定。

套筒尺寸允许偏差表 表 7-30-6

套筒外径 D(mm)	外径允许偏差(mm)	长度允许偏差(mm)
≤50	±0.5	±2
>50	±0.01D	±2

(3)钢筋连接

①钢筋就位:将丝头检验合格的钢筋搬运至待连接位置,检查钢筋与套筒的规格型号是否一致、丝扣是否完好无损。

②接头拧紧:使用力矩扳手等工具将连接接头拧紧,力矩扳手的精度为±5。接头拧紧力矩应符合表 7-30-7 的规定。

滚轧直螺纹钢筋接头拧紧力矩值 表 7-30-7

钢筋直径(mm)	≤16	18~20	22~25	28~32	36~40
拧紧力矩(N·m)	80	160	230	300	360

注:当不同直径的钢筋连接时,拧紧力矩值按较小直径钢筋的相应值取用。

③作标记:对已经拧紧的接头应作出标记,单边外露丝扣的长度不应超过 $2P$。

④施工检验:对已经施工完的接头,应按规定进行质量检验

质量检验

1. 接头的型式检验

剥肋滚轧直螺纹接头的型式检验应符合《钢筋机械连接通用技术规程》(JGJ 107—2003)的规定。

2. 工程中应用剥肋滚轧直螺纹接头时,技术提供单位应提交有效的型式检验报告。

3. 丝头加工的现场检验项目和要求见表 7-19-3。并按表 7-24-1 填写丝头检验记录报告。

4. 套筒的出厂质量检验项目和要求见表 7-19-4。

5. 接头的现场检验

(1)钢筋连接作业开始前及施工过程中,应对每批进场钢筋进行接头连接工艺检验,工艺检验应符合下列要求:

①每种规格钢筋的接头试件不应少于 3 根。

②接头试件的钢筋母材应进行抗拉强度试验。

③3 根接头试件的抗拉强度均不应小于该级别钢筋抗拉强度的标准值,同时尚应不小于 0.9 倍钢筋母材的实际抗拉强度。计算钢筋实际抗拉强度时,应采用钢筋的实际横截面面积。

(2)现场检验应进行拧紧力矩检验和单向拉伸强度试验。对接头有特殊要求的结构,应在设计图纸中另行注明相应的检验项目。

续上表

项　目	说　明
质量检验	(3)用力矩扳手按表7-30-7规定的拧紧力矩值抽检接头的施工质量。抽检数量为:梁、柱构件按接头数的15%,且每个构件的接头抽检数不得少于一个接头:基础、墙、板构件,每100个接头作为一个验收批,不足100个也作为一个验收批,每批抽检3个接头。抽检的接头应全部合格,如有一个接头不合格,则该验收批应逐个检查,对查出的不合格接头应进行补强,并按表7-24-2填写接头连接质量检查记录。 (4)剥肋滚轧直螺纹接头的单向拉伸强度试验按验收批进行。同一施工条件下采用同一批材料的同等级、同型式、同规格接头,以500个为一个验收批进行检验和验收,不足500个也作为一个验收批。 (5)对每一验收批均应按《钢筋机械连接通用技术规程》(JGJ 107—2003)中接头的性能指标进行检验与验收,在工程结构中随机抽取3个试件做单向拉伸试验。当3个试件抗拉强度均不小于该级别钢筋抗拉强度的标准值时,该验收批判定为合格。如有一个试件的抗拉强度不符合要求,应再取6个试件进行复检。复检中仍有一个试件不符合要求,则该验收批判定为不合格

8 钢筋绑扎与安装

8-1 钢筋现场绑扎

8-1-1 准备工作和接头设置

钢筋现场绑扎准备工作和接头设置见表8-1。

钢筋现场绑扎准备工作和接头设置 表8-1

项　目	说　明
准备工作	(1)钢筋绑扎前,应熟悉施工图纸,核对钢筋配料表和料牌,核对成品钢筋的钢种、直径、形状、尺寸和数量,如有错漏,应纠正增补。 (2)绑扎形式复杂的结构部位时,应研究好钢筋穿插就位的顺序及与模板等其他专业的配合先后次序,以减少绑扎困难。 (3)准备绑扎用的铁丝、绑扎工具(如钳子或铁钩、带扳口的小撬棍等),绑扎架等。 钢筋绑扎用的铁丝,可采用20~22号铁丝,其中22号铁丝只用于绑扎直径12mm以下的钢筋。铁丝长度可参考表8-1-1的数值采用;因铁丝是成盘供应的,故习惯上是按每盘铁丝周长的几分之一来切断。

钢筋绑扎铁丝长度参考表(mm) 表8-1-1

钢筋直径	3~5	6~8	10~12	14~16	18~20	22	25	28	32
3~5	120	130							
6~8		150	150	170	190	250	270	290	320
10~12			170	190	220	270	290	310	340
14~16			190	220	250	290	310	330	360
18~20				250	270	310	330	350	380
22					290	330	350	370	400

续上表

项目	说明

准备工作

(4)准备控制混凝土保护层用的水泥砂浆垫块或塑料卡。

水泥砂浆垫块的厚度,应等于保护层厚度。垫块的平面尺寸:当保护层厚度等于或小于20mm时为30mm×30mm,大于20mm时,为50mm×50mm。当在垂直方向使用垫块时,可在垫块中埋入20号铁丝。

塑料卡的形状有两种:塑料垫块和塑料环圈,见图8-1。塑料垫块用于水平构件(如梁、板);塑料环圈用于垂直构件(如柱、墙)。

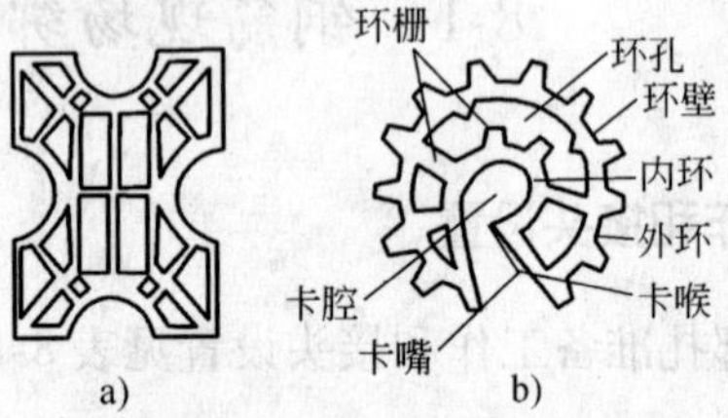

图8-1 控制混凝土保护层用的塑料卡

a)塑料垫块;b)塑料环圈

(5)钢筋接头的位置,应根据来料规格,结合结构设计说明有关规定,使其错开,在模板上画线

绑扎接头设置

(1)钢筋绑扎接头宜设置在受力较小处。同一纵向受力钢筋不宜设置两个或两个以上接头。接头末端至钢筋弯起点的距离不应小于钢筋直径的10倍。

(2)同一构件中相邻纵向受力钢筋的绑扎搭接接头宜相互错开。同一连接区段内,纵向受拉钢筋绑扎搭接接头面积百分率及箍筋要求,可参照相关结构说明或标准图集有关规定。

绑扎搭接接头中钢筋的横向间距不应小于钢筋直径,且不应小于25mm。

(3)当纵向受拉钢筋的绑扎搭接接头面积百分率不大于25%时,其最小搭接长度应符合表8-1-2的规定。

(4)在绑扎接头的搭接长度范围内,应采用铁丝绑扎三点。

纵向受拉钢筋的最小搭接长度 表8-1-2

钢筋种类	混凝土强度等级			
	C15	C20~25	C30~35	≥C40
HPB 235级	45*d*	35*d*	30*d*	25*d*
HRB 335级	55*d*	45*d*	35*d*	30*d*
HRB 400级	—	55*d*	40*d*	35*d*

注:1. 受拉钢筋绑扎接头的搭接长度应为表中数值的0.7倍。

2. 在任何情况下,纵向受拉钢筋的搭接长度不应小于300mm,受压钢筋搭接长度不应小于200mm。

3. 两根直径不同钢筋的搭接长度,以较细钢筋直径计算。

8-1-2 钢筋绑扎

钢筋绑扎见表8-2。

钢筋绑扎 表8-2

项目	说明
基础钢筋绑扎	(1)钢筋网的绑扎。四周两行钢筋交叉点应每点扎牢,中间部分交叉点可相隔交错扎牢,但必须保证受力钢筋不位移。双向主筋的钢筋网,则须将全部钢筋交叉点扎牢。绑扎时应注意相邻绑扎点的铁丝扣要扎成八字形,以免网片歪斜变形。 (2)基础底板采用双层钢筋网时,在上层钢筋网下面,应设置钢筋撑脚或混凝土撑脚,以保证钢筋位置正确。 钢筋撑脚每隔1m放置一个。其直径选用:当板厚$h \leq 30$cm时为8~10mm;当板厚$h=30 \sim 50$cm时为12~14mm;当板厚$h>50$cm时为16~18mm。 大型基础底板或设备基础,应用ϕ16~25mm钢筋或型钢焊成的支架来支持上层钢筋网,支架间距为0.8~1.5mm。 (3)钢筋的弯钩应朝上,不要倒向一边;但双层钢筋网的上层钢筋弯钩应朝下。 (4)独立柱基础为双向弯曲,其底面短边的钢筋应放在长边钢筋的上面。 (5)现浇柱与基础连接用的插筋,其箍筋应比柱的箍筋缩小一个柱筋直径,以便连接。插筋位置一定要固定牢靠,以免造成柱轴线偏移。 (6)对厚筏板基础上部钢筋网片,可采用钢管临时支撑体系。图8-2a)显示出绑扎上部钢筋网片用的钢管支撑。在上部钢筋网片绑扎完毕后,需置换出水平钢管;为此另取一些垂直钢管通过直角扣件与上部钢筋网片的下层钢筋连接起来,替换了原支撑体系,见图8-2b)。在混凝土浇筑过程中,逐步抽出垂直钢管,见图8-2c)。此时,上部荷载可由附近的钢管及上下端均与钢筋网焊接的多个拉结筋来承受。由于混凝土不断浇筑与凝固,拉结筋细长比减少,提高了承载力。 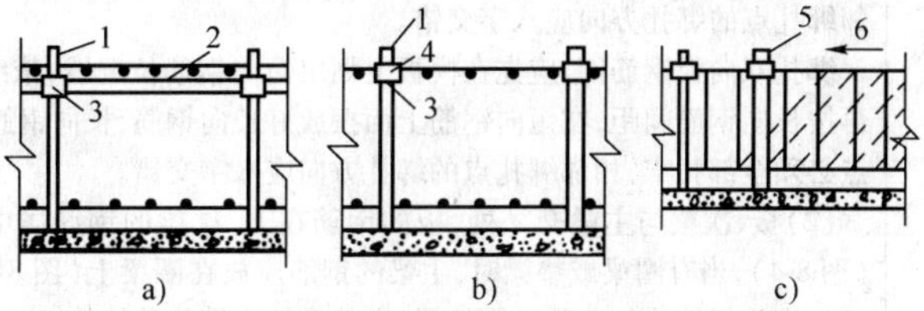 图8-2 厚筏板上部钢筋网片的钢管临时支撑 a)绑扎上部钢筋网片时;b)浇筑混凝土前;c)浇筑混凝土时 1-垂直钢管;2-水平钢管;3-直角扣件;4-下层水平钢筋;5-待拔钢管; 6-混凝土浇筑方向
柱钢筋绑扎	(1)绑扎柱钢筋骨架,应先立起竖向受力钢筋,与基础插筋绑牢,沿竖向钢筋按箍筋间距划线,把所用箍筋套入竖向钢筋中,从上到下逐个将箍筋划线并与竖向钢筋扎牢。 (2)柱钢筋的绑扎,应在模板安装前进行。 (3)柱中的竖向钢筋搭接时,角部钢筋的弯钩应与模板成45°(多边形柱为模板内角的平分角,圆形柱应与模板切线垂直),中间钢筋的弯钩应与模板成90°。如果用插入式振捣器浇筑小型截面柱时,弯钩与模板的角度不得小于15°。

项　目	说　明
柱钢筋绑扎	(4)箍筋的接头应交错布置在四角纵向钢筋上;箍筋转角与纵向钢筋交叉点均应扎牢,绑扎箍筋时绑扎扣相互应成八字形。 (5)下层柱的钢筋露出楼面部分,宜用工具式柱箍将其收进一个柱箍直径,以利上层柱的钢筋搭接。当柱截面有变化时,其下层柱钢筋的露出部分,必须在绑扎梁的钢筋之前,先行收缩准确。 (6)框架梁、牛腿及柱帽等钢筋,应放在柱的纵向钢筋内侧
墙钢筋绑扎	(1)绑扎墙钢筋网,宜先支设一侧模板,在模板上划出竖向钢筋位置线,依线立起竖向钢筋,再按横向钢筋间距,把横向钢筋绑牢于竖向钢筋上,可先绑两端的扎点,再依次绑中间扎点,靠近外围两行钢筋的交叉点应全部扎牢,中间部分交叉点可间隔扎牢,相邻绑扎点的绑扎方向应八字交错。 (2)墙的钢筋,可在基础钢筋绑扎之后浇筑混凝土前插入基础内。 (3)墙的垂直钢筋每段长度不宜超过4m(钢筋直径≤12mm)或6m(钢筋直径>12mm),水平钢筋每段长度不宜超过8m,以利绑扎。 (4)墙壁钢筋网之间应绑扎$\phi 6 \sim 10$mm钢筋制成的撑钩,间距约为1m,相互错开排列,以保持双排钢筋间距正确(图8-3) 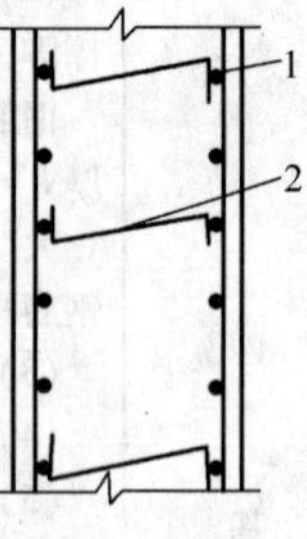 图8-3　墙钢筋的撑铁 1-钢筋网;2-撑钩
梁板钢筋绑扎	(1)绑扎单向板钢筋网,应先在模板上划出受力钢筋位置线,依线摆放好受力钢筋,再按分布钢筋间距,在受力钢筋上面摆放好分布钢筋,受力钢筋与分布钢筋交叉点,除靠近外围两行钢筋的交叉点全部扎牢外,中间部分交叉点可间隔扎牢,相邻绑扎点的绑扎方向应八字交错。 绑扎双向板钢筋网,应先在模板上划出短向钢筋位置线,依线摆放好短向钢筋,再按长向钢筋间距,在短向钢筋上面摆放好长向钢筋,长向钢筋与短向钢筋的交叉点必须全部扎牢,相邻绑扎点的绑扎方向应八字交错。 (2)板、次梁与主梁交叉处,板的钢筋在上,次梁的钢筋居中,主梁的钢筋在下(图8-4),当有圈梁或垫梁时,主梁的钢筋应放在圈梁上(图8-5)。主筋两端的搁置长度应保持均匀一致。框架梁、牛腿及柱帽等处的钢筋,应放在柱的纵向钢筋内侧,同时要注意梁顶面主筋间的净距要有30mm,以利灌筑混凝土。 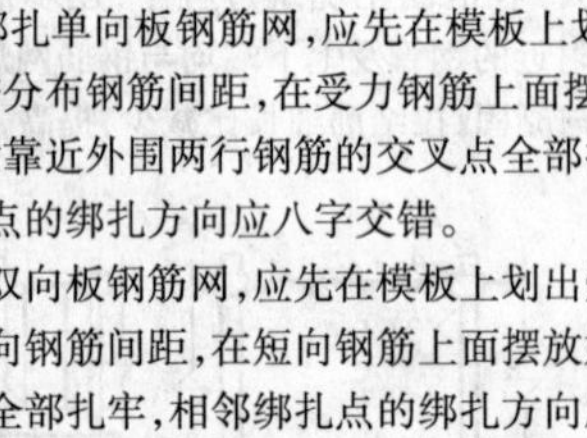 图8-4　板、次梁与主梁交叉处钢筋 1-板的钢筋;2-次梁钢筋;3-主筋钢筋 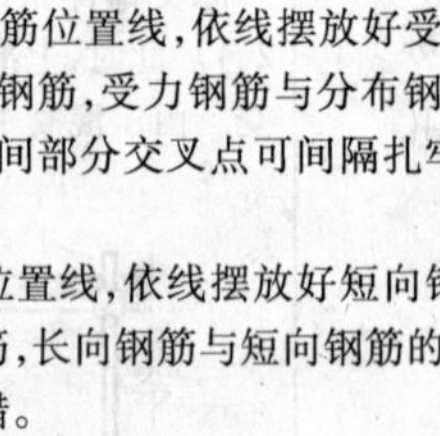 图8-5　主梁与垫梁交叉处钢筋 1-主梁钢筋;2-垫梁钢筋

续上表

项　目	说　明
梁板钢筋绑扎	(3)梁与板纵向受力钢筋采用双层排列时,两排钢筋之间应垫以直径25mm或25mm以上的短钢筋,以保持其设计距离正确。 (4)柱、梁、箍筋应与主筋垂直,箍筋的接头应交错布置在四角纵向钢筋上,箍筋转角与纵向钢筋的交叉点均应扎牢。箍筋平直部分与纵向交叉点可间隔扎牢,以防骨架歪斜。 (5)梁钢筋的绑扎与模板安装之间的配合关系: ①梁的高度较小时,梁的钢筋架空在梁顶上绑扎,然后再落位。 ②梁的高度较大(≥1.0m)时,梁的钢筋宜在梁底模上绑扎,其侧模或一侧模后装。 (6)梁板钢筋绑扎时应防止水电管线将钢筋抬起或压下。 (7)预制柱、梁、屋架等构件常采取底模上就地绑扎,应先排好箍筋,再穿入受力筋等,然后绑扎牛腿和节点部位钢筋,以减少绑扎困难和复杂性。 (8)混凝土保护层的水泥砂浆垫块或塑料卡,每隔600~900mm设置1个,钢筋网的四角处必须设置。 (9)钢筋网弯钩方向。板钢筋的弯构,钢筋在板下部时弯钩向上;钢筋在板上部时弯钩向下。 (10)箍筋的接头应交错布置在两根架立钢筋上,其余同柱。 (11)板的钢筋网绑扎与基础同,但应注意板上的负荷,要防止被踩下;特别是雨篷、挑檐、阳台等悬臂板,要严格控制负筋位置,以免拆模后断裂

8-1-3　钢筋骨架和钢筋网的安装

钢筋骨架和钢筋网的安装,见表8-3。

钢筋骨架和钢筋网的安装　　表8-3

项　目	说　明
绑扎钢筋骨架和绑扎网安装	(1)预制钢筋绑扎网与钢筋绑扎骨架,一般宜分块或分段绑扎,应根据结构配筋特点及起重运输能力而定,网片分块面积以6~20m² 为宜,骨架分段长度以8~12m为宜,安装时再予以焊接或绑扎。为防止运输安装中歪斜变形,在斜向应用钢筋拉结临时加固(图8-6),大型钢筋网或骨架应设钢筋桁架或型钢加固。 (2)钢筋网与钢筋骨架的吊点应根据其尺寸、重量和刚度确定。宽度大于1m的水平钢筋网宜采用4点起吊,跨度小于6m的钢筋骨架宜采用两点起吊,跨度大、刚度差的钢筋骨架宜采用横吊梁4点起吊。为防止吊点处钢筋受力变形,可采取兜底或用短筋加强。 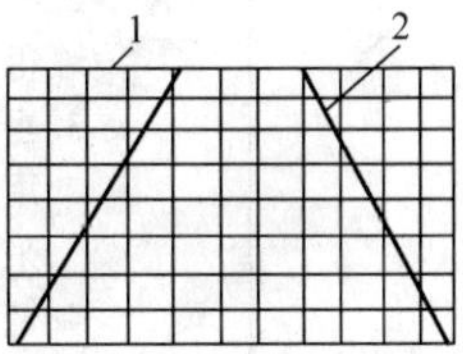 图8-6　绑扎钢筋网的临时加固 1-钢筋网;2-加固筋

续上表

<table>
<tr><th>项　目</th><th>说　明</th></tr>
<tr><td>绑扎钢筋骨架和绑扎网安装</td><td>(3)对较大型预制构件,为避免模内绑扎困难,常在模外或模上部位绑扎整体骨架,再用吊车或设三木搭借捯链缓慢放入模内。
(4)绑扎钢筋骨架和钢筋网片的交接处做法与钢筋的现场绑扎相同。</td></tr>
<tr><td>焊接钢筋骨架和焊接网安装</td><td>(1)钢筋焊接网运输时应捆扎整齐、牢固,每捆质量不应超过 2t,必要时应加刚性支撑或支架。
(2)进场的钢筋焊接网宜按施工要求堆放,并应有明确的标志。
(3)对两端须插入梁内锚固的焊接网,当网片纵向钢筋较细时,可利用网片的弯曲变形性能,先将焊接网中部向上弯曲,使两端能先后插入梁内,然后铺平网片;当钢筋较粗,焊接网不能弯曲时,可将焊接网的一端少焊 1 ~2 根横向钢筋,先插入该端,然后退插另一端,必要时可采用绑扎方法补回所减少的横向钢筋。
(4)两张网片搭接时,在搭接区中心及两端应用铁丝绑扎牢固。在附加钢筋与焊接网连接的每个节点处应采用铁丝绑扎。
(5)焊接网与焊接骨架沿受力钢筋方向的搭接接头宜位于受力小的部位,如承受均布荷载的简支受弯构件,接头宜放在跨度两端各 1/4 跨长范围内,其搭接长度应符合表 8-3-1 规定。

焊接网和受拉焊接骨架绑扎接头的搭接长度　　表 8-3-1
<table>
<tr><th rowspan="2">项次</th><th rowspan="2" colspan="2">钢筋类型</th><th colspan="3">混凝土强度等级</th></tr>
<tr><th>C20</th><th>C25</th><th>≥C30</th></tr>
<tr><td>1</td><td colspan="2">HPB 235 级</td><td>30d</td><td>25d</td><td>20d</td></tr>
<tr><td rowspan="2">2</td><td rowspan="2">月牙肋</td><td>HRB 335 级</td><td>40d</td><td>35d</td><td>30d</td></tr>
<tr><td>HRB 400 级</td><td>45d</td><td>40d</td><td>35d</td></tr>
<tr><td>3</td><td colspan="2">冷拔低碳钢丝</td><td colspan="3">250mm</td></tr>
</table>
注:1. d 为受力钢筋直径。当混凝土强度等级低于 C20 时,对 HPB 235 级钢筋最小搭接长度不得小于 40d;表中 HRB 335 级钢筋不得小于 50d;HRB 400 级钢筋不宜采用。
2. 搭接长度除应符合本表要求外,在受拉区不得小于 250mm,在受压区不得小于 200mm。
3. 当月牙肋钢筋直径 $d>25$mm 时,其搭接长度应按表中数值增加 5d 采用;当月牙肋钢筋直径 $d\leqslant 25$mm 时,其搭接长度应按表中数值减小 5d 采用。
4. 轻骨料混凝土的焊接骨架和焊接网绑扎接头的搭接长度,应按普通混凝土搭接长度增加 5d,对冷拔低碳钢丝,增加 50mm。
5. 当混凝土在凝固过程中受力钢筋易受扰动时,其搭接长度宜适当增加。
6. 当有抗震要求时,对一、二级抗震等级搭接长度应增加 5d。

(6)在梁中焊接骨架的搭接长度内应配置箍筋或短的槽形焊接网。箍筋或网中的横向钢筋间距不得大于 5d。轴心受压或偏心受压构件中的搭接长度内,箍筋或横向钢筋的间距不得大于 10d。</td></tr>
</table>

续上表

项目	说明
焊接钢筋骨架和焊接网安装	(7)在构件宽度内有若干焊接网或焊接骨架时，其接头位置应错开，在同一截面内搭接的受力钢筋的总截面面积不得大于构件截面中受力钢筋全部截面面积的50%；在轴心受拉及小偏心受拉构件(板和墙除外)中，不得采用搭接接头。 (8)焊接网在非受力方向的搭接长度宜为100mm。当受力钢筋直径≥16mm时，焊接网沿分布钢筋方向的接头宜铺以附加钢筋网，其每边的搭接长度为$15d_0$。 (9)钢筋焊接网安装时，下部网片应设置与保护层厚度相当的水泥砂浆垫块或塑料卡；板的上部网片应在短向钢筋两端，沿长向钢筋方向每隔600～900mm设一钢筋支墩

8-2 钢筋安装质量检验

钢筋安装质量检验，见表8-4。

钢筋安装质量检验 表8-4

项目	说明
主控项目	(1)钢筋安装时，受力钢筋的品种、级别、规格和数量必须符合设计要求。 (2)纵向受力钢筋的连接方式应符合设计要求
一般项目	钢筋安装位置的偏差应符合表8-4-1的规定。

钢筋安装位置的允许偏差和检验方法 表8-4-1

项目			允许偏差(mm)	检验方法
绑扎钢筋网	长、宽		±10	钢尺检查
	网眼尺寸		±20	钢尺量连续三档，取最大值
绑扎钢筋骨架	长		±10	钢尺检查
	宽、高		±5	钢尺检查
受力钢筋	间距		±10	钢尺量两端、中间各一点，取最大值
	排距		±5	
	保护层厚度	基础	±10	钢尺检查
		柱、梁	±5	钢尺检查
		板、墙、壳	±3	钢尺检查
绑扎箍筋、横向钢筋间距			±20	钢尺量连续三档，取最大值
钢筋弯起点位置			20	钢尺检查
预埋件	中心线位置		5	钢尺检查
	水平高差		+3,0	钢尺和塞尺检查

注：1. 检查预埋件中心线位置时，应沿纵、横两个方向量测，并取其中的较大值。

2. 表中梁类、板类构件上部纵向受力钢筋保护层厚度的合格点率应达到90%及以上，且不得有超过表中数值1.5倍的尺寸偏差。

9 钢筋工程冬期施工

9-1 基本情况和要求

钢筋工程冬期施工的基本情况和要求,见表9-1。

基本情况和要求　　表9-1

项　目	说　明
低温对钢筋性能的影响	在低温条件下,钢筋的性能随温度下降而有不同程度的变化,主要反映在力学性能方面:强度提高、塑性或韧性降低。钢筋在低温条件下的这种强度提高、塑性或韧性降低的性质称为钢筋的冷脆性或冷脆倾向。 (1)具有冷脆倾向的材料,由于在低温条件下塑性或韧性降低,因而对裂纹的产生和扩展的抵抗能力减弱。如果材料具有初始缺陷或裂纹时,容易发生低温脆断。所以为了确保钢筋混凝土结构的安全使用,要求钢筋在低温条件下具有一定的塑性和韧性,以增强它的抗脆断能力。 "低温"是指负温。温度的影响幅度很大,从负温的-5℃直至-40℃。一般的冷脆影响通常指在环境温度为-20℃~-40℃最为明显,而以-40℃为主。我国北方的寒冷地区面积很大,在施工过程中保证钢筋抗脆断是很重要的,同时还要考虑到建成后的结构物(不采暖的房屋的露天结构)不致因钢筋脆断而造成事故。 (2)对于受动荷载影响的钢筋混凝土构件(如工业厂房中的吊车梁),其中所配用的钢筋更需要具备很强的韧性,这样,在低温条件下才能抵抗得住动荷载冲击力。要对这类构件所用钢筋测定其"冲击韧度"指标。 冲击韧度是指钢筋受到动荷载冲击作用时抵抗破坏的能力,利用专门的冲击试验机进行测定。一般钢筋混凝土构件所用的钢筋并不需要提供冲击韧度指标,这是因为它们在常温下并不显脆性。对于在低温条件下(通常指-20℃~-40℃,而以接近-40℃为主)工作的构件,可能发生脆断。因此,为了确定它在低温条件下由塑性状态向脆性状态转化的倾向程度,应在低温条件下确定其冲击韧度
一般要求	(1)当室外日平均气温连续5d稳定低于5℃时,在这样环境下施工要采取"冬期施工措施"。对钢筋而言,在寒冷季节条件下,无需笼统地按日平均气温来提到冬期施工这种特定期限,而在寒冷季节条件下,通常是指负温条件下。 钢筋工程在负温条件(即冬季)下施工应符合《建筑工程冬期施工规程》(JGJ 104—1997)的要求。

续上表

项目	说明
一般要求	(2)在工地现场施工的人员必须按常规冬期施工的要求执行。另外,为了给下一道混凝土浇捣工作创造必要的施工条件,要加强钢筋绑扎接点的牢固程度,要避免水分附着于钢筋骨架和钢筋网上,钢筋入模时,要清除模内脏物并垫好保护层垫块。 (3)材料选择。碳是决定钢筋强度的主要成分,随着其含量的增加,钢筋强度升高,而塑性和韧性减弱。因此,选择钢筋用料时,要根据化学成分化验结果优先采用同级钢筋中含碳量较低的;此外,磷是使钢筋产生冷脆性能的有害杂质,必须严格掌握,含量超过规定限值的绝对不得使用,最好在几批同级钢筋中选用含量较低的。 在负温条件下承受静荷载作用的钢筋混凝土结构构件,其主要受力钢筋可选用HPB 235级、HRB 335级、HRB 400级热轧钢筋和冷拔低碳钢丝。在负温条件下直接承受中级、重级工作制起重机的构件,其主要受力钢筋不宜采用冷拔低碳钢丝(因为冷拔低碳钢丝材质不匀、延性较差)。 (4)在钢筋加工过程中,经常会在其表面造成缺陷,这些工艺缺陷对冷脆倾向特别敏感,必须力求避免发生。对钢筋撞击、刻痕、焊接烧伤或咬肉(包括在钢筋上打弧损伤),都能显著地增大冷脆倾向,施工时要十分注意。因此,除了加强各工序的工艺质量外,对钢筋的搬运和堆置工作也要多加小心,要轻抬轻放,防止高处摔下导致碰撞成伤。 (5)冷拉钢筋在加工过程中变脆,而在低温条件下进一步产生冷脆倾向,因此冷拉操作时温度不能过低,规范规定不宜低于-20℃。由于在负温下进行冷拉,受温度降低影响,相对地钢筋伸长较缓,所以规范还规定:如果采用控制应力方法冷拉,冷拉控制应力应按表4-4-2提高30MPa取值。 (6)在低温条件下应用液压设备时,应选用适应环境温度的工作油液,避免使用会因负温导致变稠或薄冻的油液;同时,钢筋的冷拉和张拉设备以及仪表应在相应温度条件下使用实际供油管路系统进行配套校验。 (7)考虑到钢筋弯折点处钢质强化的变异,对HRB 335级、HRB 400级钢筋以及冷拔低碳钢丝,当温度低于-20℃时,不得进行弯曲操作

9-2 负温焊接要求

钢筋负温焊接要求,见表9-2。

钢筋负温焊接要求 表9-2

项目	说明
一般要求	(1)电弧焊、闪光焊、电渣压力焊及气压焊均可在负温条件下进行;但当环境温度低于-20℃时,不宜进行施焊。 (2)在寒冷季节,应尽量安排钢筋在室内进行焊接;如实在必须在露天操作,必须有防雪挡风措施;雪天或施焊现场风速超过5.4m/s(3级风)时,焊接应加以遮蔽。

续上表

项目	说明
一般要求	(3)在负温条件下,焊成的焊件应采取必要的缓冷保温措施(例如焊好的接头立即用炉火灰烬覆盖),尤其严禁碰到冰雪。 (4)在负温条件下作业时,对焊接设备应采取防寒措施,尤其要注意防止冷却水管冻裂
电弧焊	在环境温度低于 -5℃的条件下进行电弧焊时,焊接工艺应符合下列要求: (1)进行帮条焊或搭接焊时,第一层焊缝应在中间引弧;平焊时,应从中间向两端施焊;立焊时,应先从中间向上端施焊,再从下端向中间施焊;以后各层焊缝应采取控温施焊,层间温度宜控制在 150~350℃之间。 (2)对 HRB 335 级、HRB 400 级钢筋的接头用电弧焊进行多层施焊时可采用"回火焊道施焊法",即最后回火焊道的长度比前层焊道在两端各缩短 4~6mm,以消除或减少前层焊道及过热区的淬硬组织,改善接头的性能。 (3)坡口焊的焊缝余高应分两层控温施焊。 (4)与常温焊接相比,宜增大焊接电流,减慢焊接速度
闪光对焊	(1)宜采用预热闪光焊或闪光-预热闪光焊接工艺。与常温焊接相比,负温条件下焊接的有关焊接参数,可按下列措施调整取用: ①增大调伸长度。 ②采用较低焊接变压器级数。 ③增加预热次数和延长预热间歇时间。 (2)对预热处理钢筋,负温条件下闪光对焊的工艺和有关焊接参数可按常温焊接的有关规定执行
电渣压力焊	在 -5℃~-20℃的负温条件下进行焊接时,应根据钢筋直径大小的不同适当延长通电时间,增大焊接电流。要适当拖后打掉渣壳的时间。 电渣压力焊焊接场所分散,且多在高层建筑工程中的高处作业,遮挡不便,一般情况下,雪天和风天(超过 3 级风)应停止施焊
气压焊	在负温条件下施工时,对气源设备应采取保温、防冻措施;当操作环境温度为 -15℃以下(至 -20℃,低于 -20℃时不宜焊接)时,施焊过程应对钢筋接头采取预热、保温或缓冷措施。 一般情况下,雪天和风天(超过 3 级风)如遮挡不良,应停止施焊。 对于氧乙炔焰发生器和附属工具以及使用方法,应根据专门的操作规程进行维护和操作
质量注意事项	在负温条件下焊接,必须特别注意防止产生夹渣、气孔、咬肉、烧伤等焊接缺陷,以免由于缺陷而造成接头脆断

参考文献

[1] GB 50010—2002 混凝土结构设计规范[S]. 北京:中国建筑工业出版社,2002.

[2] GB 13013—91 钢筋混凝土用热轧光圆钢筋[S]. 北京:中国标准出版社,1991.

[3] GB 1499—1998 钢筋混凝土用热轧带肋钢筋[S]. 北京:中国标准出版社,1999.

[4] JGJ 95—1995 冷轧带肋钢筋混凝土技术规程[S]. 北京:中国建筑工业出版社,1995.

[5] GB 13788—2000 冷轧带肋钢筋[S]. 中国标准出版社,2001.

[6] GB/T 5223—2002 预应力混凝土用钢丝[S]. 中国标准出版社,2002.

[7] GB/T 5224—2003 预应力混凝土用钢绞线[S]. 中国标准出版社,2003.

[8] JGJ 115—1997 冷轧扭钢筋混凝土构件技术规程[S]. 中国建筑工业出版社,1999.

[9] JG 3046—98 冷轧扭钢筋[S]. 北京:中国建筑工业出版社,1998.

[10] YB/T 076—1995 钢筋混凝土用焊接钢筋网[S]. 北京:中国建筑工业出版社,1995.

[11] JGJ/T 114—2003、J 276-2003 钢筋焊接网混凝土结构技术规程[S]. 北京:中国建筑工业出版社,2003.

[12] JGJ 18—2003、J 253-2003 钢筋焊接及验收规程[S]. 北京:中国建筑工业出版社,2003.

[13] JGJ 107—2003、J 257-2003 钢筋机械连接通用技术规程[S]. 北京:中国建筑工业出版社,2003.

[14] JGJ 108—96 带肋钢筋套筒挤压连接技术规程[S]. 北京:中国建筑工业出版社,1997.

[15] JGJ 109—96 钢筋锥螺纹接头技术规程[S]. 北京:中国建筑工业出版社,1997.

[16] JG/T 3057—1999 镦粗直螺纹钢筋接头[S]. 北京:中国标准出版社,2000.

[17] JG 163—2004 滚轧直螺纹钢筋连接接头[S]. 北京:中国建筑工业出版社,2004.

[18] GB 50204—2002 混凝土结构工程施工质量验收规范[S]. 北京:中

国建筑工业出版社,2002.
[19] JGJ 33—2001、J 119-2001 建筑机械使用安全技术规范[S]. 北京:中国建筑工业出版社,2001.
[20] 编写组编. 建筑施工手册(四版)[M]. 北京:中国建筑工业出版社,2003.
[21] 杨嗣信,侯君伟,高层建筑施工手册(二版)[M]. 北京:中国建筑工业出版社,2001.
[22] 杨嗣信,余志成,侯君伟. 建筑业重点推广新技术应用手册[M]. 北京:中国建筑工业出版社,2003.